北大社普通高等教育"十三五"规划教材

复变函数

主编 尤 英 於耀勇

内 容 简 介

本书内容包括：复数与复平面、解析函数、复变函数的积分、复级数、留数和孤立奇点、共形映射．本书主要讲解了复变函数的微积分理论、代数理论及解析函数的几何理论．每章都精选适量例题进行讲解，章末提供了多种类型的习题，并在书后给出了部分习题参考答案及提示．

本书可作为高等学校本科数学、力学、天文学、统计学、电子科学与技术、计算机科学与技术、通信工程及其他相关专业的教材，也可供自学者进行参考．

前　言

复变函数不仅是数学学科（如数论、代数学、微分方程等）用以研究的重要工具，而且在数学学科外（如流体力学、电学、天文学、信息论、控制论等学科）也有着广泛的应用．学习复变函数既能提高学生的数学能力，还能使学生掌握解决问题的方法，为今后的学习与研究打好基础．

本书的特色主要表现在以下几方面．

首先，本书在教学内容的处理上遵循"适度与适量"的原则，适当削减了一些传统教材中烦琐而非必要的内容，在内容选取上突出重点，注重读者对复变函数本质上的理解．此外，每章在介绍完重要知识点后，都配备有相应的例题，从而让读者能更好地掌握本课程的重点和难点．编者还对一些重要的解题方法进行了补充和系统的梳理．

其次，本书在内容的编排上由浅入深，从直观入手再到抽象，让读者能轻松地掌握所学知识而不觉枯燥乏味．例如，在第一章中，我们由复平面上的点这一概念来引入复数，让读者联想到平面上的点，使得复数这个陌生的概念直接变得熟悉而生动；我们把调和函数的内容安排在解析函数这一章里，加深了读者对解析函数的认识；我们还把孤立奇点及其分类放在留数后，通过介绍孤立奇点处留数的计算，让读者对孤立奇点有更深刻的认识和理解．在第六章中，我们从分式线性变换入手，先把分式线性变换的性质讲清楚，接着从具体到一般，介绍解析函数的几何性质，最后再到特殊，用某些初等函数来构造共形映射．

最后，我们针对传统教材中课后习题只有计算题与证明题这一稍显枯燥和单调的模式，在编写本书的过程中加入了填空题和单项选择题，使读者可以多种形式来考察自己对知识点的掌握程度，同时又培养了其做题的兴趣，从而增加了对本学科的学习兴趣，为后续深造打好坚实的基础．

本书由尤英、於耀勇担任主编，曾政杰、邓之豪、朱顺春、熊诗哲提供了版式和装帧设计方案，在此表示衷心的感谢．

殷切希望读者可以通过本书的学习轻松掌握复变函数的基本知识、理论及应用．当然，限于编者水平，书中不足之处在所难免，望广大读者不吝指正．

编　者
2024 年 2 月

目　录

第一章　复数与复平面 ·· 1

  1.1　复数及其代数性质 ··· 1

    1. 复数 ·· 1

    2. 复数的运算 ··· 2

    3. 复数的模与辐角 ··· 2

    4. 复数的乘幂与方根 ··· 4

    5. 共轭复数 ··· 5

  1.2　复平面及其点集 ·· 8

    1. 扩充复平面 ··· 8

    2. 复平面上的点 ··· 8

    3. 复平面上的点集 ··· 9

    4. 复平面上的区域与曲线 ·· 9

  习题一 ·· 10

第二章　解析函数 ··· 13

  2.1　复变函数 ··· 13

    1. 复变函数的概念 ··· 13

    2. 极限与连续 ··· 13

  2.2　解析函数 ··· 15

    1. 解析函数的概念 ··· 15

    2. 柯西-黎曼方程 ·· 17

    3. 调和函数 ··· 20

2.3 初等函数 ······ 20
1. 指数函数 ······ 20
2. 三角函数 ······ 22
3. 辐角函数 ······ 23
4. 对数函数 ······ 24
5. 幂函数 ······ 25
6. 反三角函数 ······ 27

习题二 ······ 28

第三章 复变函数的积分 ······ 32
3.1 复积分的概念及性质 ······ 32
1. 实变量复值函数的导数与积分 ······ 32
2. 复变函数的积分 ······ 33

3.2 柯西积分定理 ······ 36
1. 原函数 ······ 36
2. 柯西积分定理 ······ 39
3. 柯西积分定理在多连通区域上的推广 ······ 43

3.3 柯西积分公式及其推广 ······ 45
1. 柯西积分公式 ······ 45
2. 柯西积分公式的推广 ······ 47

习题三 ······ 51

第四章 复级数 ······ 54
4.1 复级数的基本概念 ······ 54
1. 复数列 ······ 54
2. 复数项级数 ······ 54
3. 复变函数项级数 ······ 56

4.2 幂级数 ······ 57

4.3 解析函数的泰勒展开式 ······ 61
1. 泰勒级数 ······ 61
2. 零点 ······ 65
3. 解析函数的唯一性 ······ 67

4.4 解析函数的洛朗展开式 ·· 69
    1. 双边幂级数 ··· 69
    2. 解析函数的洛朗展开式 ·· 70
习题四 ··· 75

第五章 留数和孤立奇点 ··· 79

5.1 留数 ··· 79
    1. 有限点处的留数 ·· 79
    2. 柯西留数定理 ··· 81
    3. 无穷远点处的留数 ·· 82

5.2 孤立奇点 ··· 85
    1. 有限孤立奇点的分类 ·· 85
    2. 可去奇点 ··· 86
    3. 极点 ·· 87
    4. 本质奇点 ··· 91
    5. 无穷远点的分类 ·· 91
    6. 整函数与亚纯函数 ·· 92

5.3 留数在实积分中的应用 ·· 93
    1. $\int_0^{2\pi} R(\cos\theta, \sin\theta)\mathrm{d}\theta$ 型积分 ·· 94
    2. $\int_{-\infty}^{+\infty} \frac{P(x)}{Q(x)}\mathrm{d}x$ 型积分 ·· 96
    3. $\int_{-\infty}^{+\infty} \frac{P(x)}{Q(x)}\mathrm{e}^{\mathrm{i}mx}\mathrm{d}x$ 型积分 ·· 99
    4. 积分路径上有奇点型积分 ·· 100

5.4 辐角原理及其应用 ·· 105
    1. 辐角原理 ··· 105
    2. 儒歇定理 ··· 108

习题五 ··· 109

第六章 共形映射 ··· 112

6.1 分式线性变换 ·· 112
    1. 整线性变换 ·· 112

2. 反演变换 ·· 112
   3. 分式线性变换 ·· 114
   4. 三个特殊的分式线性变换 ·· 117
  6.2 解析函数的几何性质 ··· 120
   1. 保角性 ·· 120
   2. 伸缩率不变性 ·· 122
  6.3 某些初等函数构成的共形映射 ··· 123
   1. 幂函数 ·· 123
   2. 指数函数和对数函数 ·· 125
   3. 正弦函数 ·· 127
   4. 实例 ··· 128
  习题六 ··· 131

部分习题参考答案与提示 ··· 133
参考文献 ··· 138

第一章 复数与复平面

1.1 复数及其代数性质

1. 复数

类似于实平面上点的坐标表示法,我们首先建立平面直角坐标系 xOy,然后用形如 (x,y) 的有序实数对来表示复平面上的点,称有序实数对 (x,y) 为**复数**.复数的全体构成的集合称为**复数集**,用 **C** 表示.实数作为 x 轴上的点,用 $(x,0)$ 来表示,这样实数集就是复数集的子集,并称 x 轴为**实轴**.y 轴上的点用 $(0,y)$ 来表示,当 $y \neq 0$ 时,称 $(0,y)$ 为**纯虚数**,并称 y 轴为**虚轴**.这样定义后,复平面上的点与复数成一一对应关系,故今后不再区分复数 (x,y) 与点 (x,y).习惯性用英文小写字母 z 来表示复数 (x,y),记作 $z=(x,y)$(见图 1-1),其中 x 称为 z 的**实部**,记作

$$x = \operatorname{Re} z,$$

y 称为 z 的**虚部**,记作

$$y = \operatorname{Im} z.$$

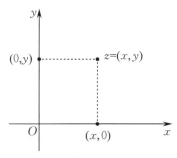

图 1-1

如果两个复数的实部和虚部分别对应相等,则称这两个复数**相等**.如果两个复数的实部相等、虚部互为相反数,则称这两个复数**互为共轭复数**.复数 z 的共轭复数记作 $\bar{z}$.如果我们用 i(称为**虚数单位**)表示复数 $(0,1)$ 的话,则复数 $z=(x,y)$ 可以表示为

$$z = x + \mathrm{i}y.$$
这种表达式称为复数的**代数表达式**.

2. 复数的运算

复数的**加(减)法**定义为实部与实部相加(减)作为实部,虚部与虚部相加(减)作为虚部,即设复数 $z_1 = (x_1, y_1), z_2 = (x_2, y_2)$,则
$$\begin{aligned} z_1 \pm z_2 &= (x_1, y_1) \pm (x_2, y_2) \\ &= (x_1 \pm x_2, y_1 \pm y_2) \\ &= (x_1 \pm x_2) + \mathrm{i}(y_1 \pm y_2). \end{aligned}$$

复数的**乘法**定义为
$$\begin{aligned} z_1 z_2 &= (x_1, y_1) \cdot (x_2, y_2) \\ &= (x_1 x_2 - y_1 y_2, x_1 y_2 + x_2 y_1) \\ &= (x_1 x_2 - y_1 y_2) + \mathrm{i}(x_1 y_2 + x_2 y_1). \end{aligned}$$

由复数乘法的定义可得
$$\mathrm{i}^2 = (0,1) \cdot (0,1) = (0 \cdot 0 - 1 \cdot 1) + \mathrm{i}(0 \cdot 1 + 1 \cdot 0) = -1,$$
从而复数的乘法可以简单地看成以 i 为不定元的两个多项式相乘的情况,其中 $\mathrm{i}^2 = -1$. 例如,设复数 $z = x + \mathrm{i}y$, $\bar{z}$ 为 z 的共轭复数,则
$$z\bar{z} = (x + \mathrm{i}y) \cdot (x - \mathrm{i}y) = x^2 + y^2.$$

容易验证,复数的加法和乘法不仅满足交换律和结合律,而且还满足乘法对于加法的分配律.

对于非零复数 $z = x + \mathrm{i}y$(x, y 不同时为零),我们把满足等式 $z z^{-1} = 1$ 的复数 z^{-1},称为 z 的逆元.上式两边左乘 $\bar{z} = x - \mathrm{i}y$,并由 $z\bar{z} = x^2 + y^2$ 得
$$z^{-1} = \frac{x - \mathrm{i}y}{x^2 + y^2}.$$

有了逆元的定义,可以定义复数的**除法**为
$$\frac{z_1}{z_2} = z_1 \cdot z_2^{-1} = \frac{x_1 x_2 + y_1 y_2}{x_2^2 + y_2^2} + \mathrm{i} \frac{x_2 y_1 - x_1 y_2}{x_2^2 + y_2^2} \quad (z_2 \neq 0).$$

引入上述运算后,全体复数构成复数域,也常用符号 **C** 表示.与实数域不同的是,复数域中不能规定复数的大小关系.

3. 复数的模与辐角

连接原点 O 和复平面上的点 $z = x + \mathrm{i}y$,以原点 O 为起点、z 为终点的向量 $\overrightarrow{Oz}$ 与复数 z 成一一对应关系,则我们可以把复数和几何中的向量等同起来.把向量 $\overrightarrow{Oz}$ 的长度称为复数 z 的**模**,记作 $|z|$,即
$$|z| = \sqrt{x^2 + y^2}.$$
显然,当 $y = 0$ 时,复数的模等同于实数的绝对值.

当 $z \neq 0$ 时,我们把向量 $\overrightarrow{Oz}$ 与正实轴之间的夹角(见图 1-2)称为复数 z 的**辐角**,记作

$$\theta = \text{Arg}\, z.$$
显然,θ 有无穷多个不同的值,这些值相差 2π 的整数倍. 我们把满足条件 $-\pi < \theta \leqslant \pi$ 的辐角叫作 z 的**辐角主值**,记作 $\arg z$. 于是
$$\theta = \text{Arg}\, z = \arg z + 2k\pi \quad (k=0,\pm 1,\pm 2,\cdots).$$

$\arg z$ 与 $\arctan \dfrac{y}{x}$ 之间有如下关系:

$$\arg z = \begin{cases} \arctan \dfrac{y}{x}, & x > 0, \\ \dfrac{\pi}{2}, & x = 0, y > 0, \\ \arctan \dfrac{y}{x} + \pi, & x < 0, y \geqslant 0, \\ \arctan \dfrac{y}{x} - \pi, & x < 0, y < 0, \\ -\dfrac{\pi}{2}, & x = 0, y < 0. \end{cases}$$

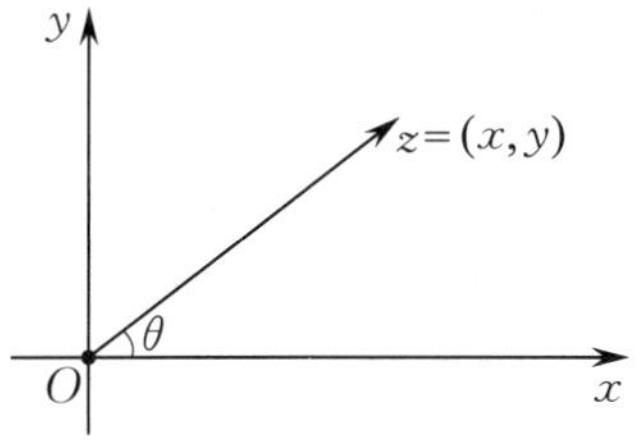

图 1-2

由图 1-2 可知,
$$x = |z| \cos \arg z, \quad y = |z| \sin \arg z,$$
从而可得复数 z 的三角表达式为
$$z = |z|(\cos \arg z + \text{i}\sin \arg z).$$
再由欧拉公式 $\text{e}^{\text{i}\theta} = \cos \theta + \text{i}\sin \theta$,可得复数的指数表达式为
$$z = |z|\, \text{e}^{\text{i}\arg z}.$$

复数与向量一样,加法满足平行四边形法则,减法满足三角形法则(见图 1-3).

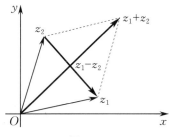

图 1-3

由复数模的定义,易得下列不等式成立($z = x + \text{i}y$):

(1) $|z_1 \pm z_2| \leqslant |z_1| + |z_2|$ （三角形两边之和大于第三边）；

(2) $|z_1 \pm z_2| \geqslant ||z_1| - |z_2||$ （三角形两边之差小于第三边）；

(3) $|x| \leqslant |z|, |y| \leqslant |z|, |z| \leqslant |x| + |y|$.

注 （1）当 $z=0$ 时，其辐角无意义；$z=0$ 等价于 $|z|=0$.

（2）规定从正实轴开始按逆时针方向旋转的辐角为正，按顺时针方向旋转的辐角为负.

（3）把复数等同于向量看待时，两个复数的积既不同于向量的数量积（点积），也不同于向量的向量积（叉积）.

4. 复数的乘幂与方根

前面我们定义了复数的乘法，现在不妨用复数的三角表达式来计算一下两个非零复数的积. 设

$$z = |z|(\cos\theta + i\sin\theta), \quad w = |w|(\cos\alpha + i\sin\alpha),$$

则由三角函数公式易得

$$zw = |zw|[\cos(\theta+\alpha) + i\sin(\theta+\alpha)].$$

由此可见，两个复数相乘，模长的积作为积的模长，辐角的和作为积的辐角. 幂是积的特殊情况，由上述结论不难得到复数的乘幂公式为

$$z^n = |z|^n(\cos n\theta + i\sin n\theta). \tag{1.1}$$

在上式中取 $|z|=1$，便得到著名的棣莫弗公式

$$(\cos\theta + i\sin\theta)^n = \cos n\theta + i\sin n\theta. \tag{1.2}$$

注 在复数的乘法运算中，关于辐角，我们可以得到公式

$$\operatorname{Arg} z_1 z_2 = \operatorname{Arg} z_1 + \operatorname{Arg} z_2.$$

同样，在复数的除法运算中，关于辐角，我们也有公式

$$\operatorname{Arg}\left(\frac{z_1}{z_2}\right) = \operatorname{Arg} z_1 - \operatorname{Arg} z_2 \quad (z_2 \neq 0).$$

不过需要注意的是，上面两个式子中的辐角不能换成辐角主值.

例1 计算复数 $(\sqrt{3}-i)^5$ 的值.

解 先写出复数 $\sqrt{3}-i$ 的三角表达式为

$$\sqrt{3}-i = 2\left[\cos\left(-\frac{\pi}{6}\right) + i\sin\left(-\frac{\pi}{6}\right)\right],$$

然后利用式(1.1)可得

$$(\sqrt{3}-i)^5 = 2^5\left[\cos\left(-\frac{5\pi}{6}\right) + i\sin\left(-\frac{5\pi}{6}\right)\right]$$

$$= 32\left(-\frac{\sqrt{3}}{2} - \frac{1}{2}i\right) = -16\sqrt{3} - 16i.$$

设 $n(n \geqslant 2)$ 为正整数，则求非零复数 z 的 n 次方根 $\sqrt[n]{z}$，相当于解方程 $w^n = z$. 利用复数的乘幂公式，不难得到复数 z 的 n 个 n 次方根为

$$z_k = \sqrt[n]{|z|}\left(\cos\frac{\theta+2k\pi}{n} + \mathrm{i}\sin\frac{\theta+2k\pi}{n}\right), \qquad (1.3)$$

其中 $k = 0, 1, 2, \cdots, n-1$.

例 2 计算复数 $\sqrt[3]{1+\mathrm{i}}$ 的值.

解 先写出复数 $1+\mathrm{i}$ 的三角表达式为

$$1+\mathrm{i} = \sqrt{2}\left(\cos\frac{\pi}{4} + \mathrm{i}\sin\frac{\pi}{4}\right),$$

然后利用式(1.3)可得

$$\sqrt[3]{1+\mathrm{i}} = z_k = \sqrt[6]{2}\left(\cos\frac{\pi/4+2k\pi}{3} + \mathrm{i}\sin\frac{\pi/4+2k\pi}{3}\right) \quad (k=0,1,2).$$

分别代入 $k = 0, 1, 2$,可得 $\sqrt[3]{1+\mathrm{i}}$ 的三个值为

$$z_0 = \sqrt[6]{2}\left(\cos\frac{\pi}{12} + \mathrm{i}\sin\frac{\pi}{12}\right),$$

$$z_1 = \sqrt[6]{2}\left(\cos\frac{3\pi}{4} + \mathrm{i}\sin\frac{3\pi}{4}\right),$$

$$z_2 = \sqrt[6]{2}\left(\cos\frac{17\pi}{12} + \mathrm{i}\sin\frac{17\pi}{12}\right).$$

这三个点恰好把单位圆周进行了三等分(见图 1-4).

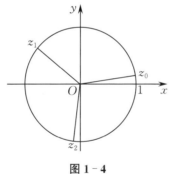

图 1-4

5. 共轭复数

设复数 $z = x + \mathrm{i}y$,则其共轭复数为 $\overline{z} = x - \mathrm{i}y$. 显然,有

$$|\overline{z}| = |z|, \quad \mathrm{Arg}\,\overline{z} = -\mathrm{Arg}\,z.$$

这意味着互为共轭复数的两个点在复平面上是关于实轴对称的.

读者可自行验证下列公式成立:

$$\overline{\overline{z}} = z, \quad \overline{(z_1 \pm z_2)} = \overline{z}_1 \pm \overline{z}_2, \quad \overline{z_1 z_2} = \overline{z}_1 \overline{z}_2, \quad z\overline{z} = |z|^2,$$

$$\overline{\left(\frac{z_1}{z_2}\right)} = \frac{\overline{z}_1}{\overline{z}_2}(z_2 \neq 0), \quad \mathrm{Re}\,z = \frac{z+\overline{z}}{2}, \quad \mathrm{Im}\,z = \frac{z-\overline{z}}{2\mathrm{i}}.$$

例 3 设 z_1, z_2 是两个复数,试证明:

$$|z_1+z_2|^2=|z_1|^2+|z_2|^2+2\text{Re}(z_1\bar{z}_2).$$

证明 $|z_1+z_2|^2=(z_1+z_2)\overline{(z_1+z_2)}$
$=(z_1+z_2)(\bar{z}_1+\bar{z}_2)$
$=z_1\bar{z}_1+z_2\bar{z}_2+z_1\bar{z}_2+z_2\bar{z}_1$
$=|z_1|^2+|z_2|^2+2\text{Re}(z_1\bar{z}_2).$

例 4 设复数 $z\neq 0$,试证明:
$$|z-1|\leqslant ||z|-1|+|z||\arg z|.$$

证明 利用复数的三角表达式,把复数 z 写成
$$z=|z|(\cos\theta+\text{i}\sin\theta)\quad(-\pi<\theta\leqslant\pi,\theta=\arg z),$$
由
$$|\sin\alpha|=\sin|\alpha|\leqslant|\alpha|\quad\left(-\frac{\pi}{2}\leqslant\alpha\leqslant\frac{\pi}{2}\right),$$
可得
$$|z-1|=|z-|z|+|z|-1|$$
$$\leqslant||z|-1|+|z-|z||$$
$$=||z|-1|+|z||\cos\theta+\text{i}\sin\theta-1|$$
$$=||z|-1|+2|z|\left|\sin\frac{\theta}{2}\right|$$
$$\leqslant||z|-1|+|z||\theta|$$
$$=||z|-1|+|z||\arg z|.$$

例 5 证明:方程 $\text{Re}\left(\dfrac{z_2-z_1}{z-z_1}\right)=1(z\neq z_1;z_1\neq z_2)$ 表示以点 z_1,z_2 为直径端点的圆周,且当点 z 在圆内时有 $\text{Re}\left(\dfrac{z_2-z_1}{z-z_1}\right)>1$,当点 z 在圆外时有 $\text{Re}\left(\dfrac{z_2-z_1}{z-z_1}\right)<1.$

证明 在以点 z_1,z_2 为直径端点的圆周上任取一点 $z(z\neq z_1;z\neq z_2)$(见图 1-5),则由几何性质——直径所对圆周角为直角,可得
$$\arg\left(\frac{z-z_2}{z-z_1}\right)=\pm\frac{\pi}{2},$$
于是
$$\frac{z-z_2}{z-z_1}=b\text{i}\quad(b\in\mathbf{R}).$$
又
$$b\text{i}=\frac{z-z_2}{z-z_1}=1+\frac{z_1-z_2}{z-z_1},$$

即
$$\frac{z_2-z_1}{z-z_1}=1-b\mathrm{i},$$
从而可得以点 z_1,z_2 为直径端点的圆周方程为
$$\mathrm{Re}\left(\frac{z_2-z_1}{z-z_1}\right)=1.$$

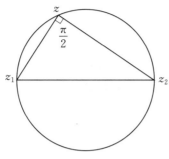

图 1-5

当点 z 在圆内时,有
$$\frac{\pi}{2}<\arg\left(\frac{z-z_2}{z-z_1}\right)\leqslant\pi$$
或
$$-\pi\leqslant\arg\left(\frac{z-z_2}{z-z_1}\right)<-\frac{\pi}{2},$$
因此
$$\cos\arg\left(\frac{z-z_2}{z-z_1}\right)<0,$$
于是有
$$\mathrm{Re}\left(\frac{z_2-z_1}{z-z_1}\right)=1-\mathrm{Re}\left(\frac{z-z_2}{z-z_1}\right)$$
$$=1-\left|\frac{z-z_2}{z-z_1}\right|\cos\arg\left(\frac{z-z_2}{z-z_1}\right)>1.$$

当点 z 在圆外时,有
$$-\frac{\pi}{2}<\arg\left(\frac{z-z_2}{z-z_1}\right)<\frac{\pi}{2},$$
因此
$$\cos\arg\left(\frac{z-z_2}{z-z_1}\right)>0,$$
于是有
$$\mathrm{Re}\left(\frac{z_2-z_1}{z-z_1}\right)=1-\left|\frac{z-z_2}{z-z_1}\right|\cos\arg\left(\frac{z-z_2}{z-z_1}\right)<1.$$

1.2 复平面及其点集

1. 扩充复平面

令半径为 1 的球面与复平面 xOy 相切于原点 O，点 O 称为南极，过点 O 作垂直于复平面的直线与球面交于点 N，点 N 称为北极. 作连接北极 N 与球面上任意一点 $P(z)$ 的直线，并与复平面交于点 z，这样便将球面上的点(除点 N 外)与复平面上的点建立了一一对应关系(见图 1-6). 北极 N 可以看成与复平面上的一个模为无穷大的点相对应，这个点我们称为**无穷远点**，记作 ∞. 复平面加上无穷远点称为**扩充复平面**，记作 $\mathbf{C}_\infty$.

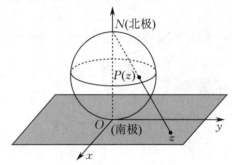

图 1-6

关于无穷远点 ∞，我们做如下几点规定(a 是复数)：

(1) 若 $a \neq \infty$，则 $\dfrac{\infty}{a} = \infty, \dfrac{a}{\infty} = 0, \infty \pm a = a \pm \infty = \infty$.

(2) 若 $a \neq 0$，则 $a \cdot \infty = \infty \cdot a = \infty, \dfrac{a}{0} = \infty$.

(3) ∞ 的实部、虚部及辐角均无意义，$|\infty| = +\infty$.

(4) $0 \cdot \infty, \infty \pm \infty, \dfrac{\infty}{\infty}, \dfrac{0}{0}$ 均无意义.

2. 复平面上的点

设 $a \in \mathbf{C}, \varepsilon \in \mathbf{R}_+$，集合
$$U_\varepsilon(a) = \{z \mid |z-a| < \varepsilon, z \in \mathbf{C}\}$$
称为点 a 的 ε -**邻域**，集合
$$\mathring{U}_\varepsilon(a) = \{z \mid 0 < |z-a| < \varepsilon, z \in \mathbf{C}\}$$
称为点 a 的**去心** ε -**邻域**.

设 E 为复平面上的一个点集. 如果存在一个包含于 E 的点 a 的邻域，那么称点 a 为 E 的**内点**；如果存在一个包含于 E 的余集 $\complement_{\mathbf{C}} E$ 的点 a 的邻域，那么称点 a 为 E 的**外点**；如果点 a 的任意邻域均与 E 相交非空，且与 $\complement_{\mathbf{C}} E$ 也相交非空，那么称点 a 为 E 的**边界点**(见图 1-7). 点集 E 的所有边界点构成的

集合称为 E 的**边界**,记作 ∂E. $\overline{E} = \partial E \cup E$ 称为点集 E 的**闭包**. 如果点 a 的任意邻域均与点集 E 有无穷多个交点,那么称点 a 为 E 的**聚点**或**极限点**. 如果存在点 a 的某个邻域,它与点集 E 交于唯一一点 a,那么称点 a 为 E 的**孤立点**. 显然,点集 E 的内点属于 E, E 的外点不属于 E, E 的边界点和聚点可能属于 E 也可能不属于 E.

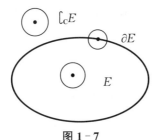

图 1-7

扩充复平面上无穷远点 ∞ 的邻域应理解为以原点为圆心的某个圆周的外部,即集合 $\{z \mid |z| > M, M \in \mathbf{R}_+\}$ 称为 ∞ 的**邻域**,集合 $\{z \mid M < |z| < +\infty, M \in \mathbf{R}_+\}$ 称为 ∞ 的**去心邻域**. 由此,上述内点、外点、边界点等概念均可推广到无穷远点.

3. 复平面上的点集

若点集 E 中的任意点都是内点,则称 E 为**开集**. 余集为开集的点集称为**闭集**. 如果存在 $r > 0$,使得 $E \subset U_r(0)$,那么称点集 E 为**有界集**,否则称为**无界集**. 复平面上的有界闭集称为**紧集**.

4. 复平面上的区域与曲线

如果点集 E 中的任意两点均可以用包含在 E 中的折线(有限条相接的线段构成)连接起来,则称 E 是**连通**的. 连通的开集称为**区域**. 区域及其边界构成的点集称为**闭区域**.

设 $x(t), y(t)\, (a \leqslant t \leqslant b)$ 为两个连续实函数,则由函数
$$z(t) = x(t) + \mathrm{i} y(t) \quad (a \leqslant t \leqslant b)$$
定义的点集 C,称为复平面上的一条**连续曲线**. 如果对区间 $[a,b]$ 上不同的两点 α 及 β(α, β 不同时为 $[a,b]$ 的端点),有 $z(\alpha) \neq z(\beta)$,那么称曲线 C 为**简单曲线**或**若尔当曲线**. 若简单曲线 C 还满足 $z(a) = z(b)$,则称之为**简单闭曲线**. 例如,圆周是一条简单闭曲线.

任一简单闭曲线 E 把复平面分成三个没有公共点的点集 $E, I(E)$ 及 $W(E)$,其中 E 的内部区域 $I(E)$ 为有界区域,E 的外部区域 $W(E)$ 为无界区域,并且这两个区域均以 E 为边界. 任取 $I(E)$ 内一点 P 及 $W(E)$ 内一点 Q,连接 PQ 的简单曲线必定与 E 有交点. 这就是著名的**若尔当定理**,虽然它看起来很直观,可是严格的证明需要若干拓扑学的知识,这里我们略去证明.

在复平面上,如果区域 D 内任意一条简单闭曲线的内部都属于 D,那么

称 D 为**单连通区域**. 不是单连通的区域称为**多连通区域**.

在扩充复平面上,单连通区域的定义要做一些修改. 如果区域 D 内任意一条简单闭曲线的内部或外部(包括无穷远点)都属于 D,那么称 D 为单连通区域.

例如,在扩充复平面上,如果区域 D 由简单闭曲线 C 外所有有限点及无穷远点构成,那么 D 是单连通区域;如果区域 D 由简单闭曲线 C 外所有有限点构成,那么 D 是多连通区域.

又如,在扩充复平面上,集合
$$\{z \mid 1 < |z-a| \leqslant \infty\}$$
是一个无界单连通区域,其边界为
$$\{z \mid |z-a|=1\};$$
而集合
$$\{z \mid 1 < |z-a| < \infty\}$$
却是一个无界多连通区域,其边界为
$$\{z \mid |z-a|=1\} \cup \{\infty\}.$$

习题一

1. 填空题:

(1) 设 $z=(2-3\mathrm{i})(-2+\mathrm{i})$,则 $\arg z = $ _____;

(2) 设 $|z|=\sqrt{5}$,$\arg(z-\mathrm{i})=\dfrac{3}{4}\pi$,则 $z = $ _____;

(3) 复数 $\dfrac{(\cos 5\theta + \mathrm{i}\sin 5\theta)^2}{(\cos 3\theta - \mathrm{i}\sin 3\theta)^2}$ 的指数表达式为 _____;

(4) 以方程 $z^6 = 7 - \sqrt{15}\mathrm{i}$ 的根的对应点为顶点的多边形的面积为 _____.

2. 单项选择题:

(1) 复数 $z = \tan\theta - \mathrm{i}\left(\dfrac{\pi}{2} < \theta < \pi\right)$ 的三角表达式为( );

A. $\sec\theta \left[\cos\left(\dfrac{\pi}{2}+\theta\right) + \mathrm{i}\sin\left(\dfrac{\pi}{2}+\theta\right)\right]$

B. $\sec\theta \left[\cos\left(\dfrac{3\pi}{2}+\theta\right) + \mathrm{i}\sin\left(\dfrac{3\pi}{2}+\theta\right)\right]$

C. $-\sec\theta \left[\cos\left(\dfrac{3\pi}{2}+\theta\right) + \mathrm{i}\sin\left(\dfrac{3\pi}{2}+\theta\right)\right]$

D. $-\sec\theta \left[\cos\left(\dfrac{\pi}{2}+\theta\right) + \mathrm{i}\sin\left(\dfrac{\pi}{2}+\theta\right)\right]$

(2) 若 z 为非零复数,则 $|z^2 - \bar{z}^2|$ 与 $2z\bar{z}$ 的大小关系是( );

A. $|z^2 - \bar{z}^2| \geqslant 2z\bar{z}$ B. $|z^2 - \bar{z}^2| = 2z\bar{z}$
C. $|z^2 - \bar{z}^2| \leqslant 2z\bar{z}$ D. 不能比较大小

(3) 满足不等式 $\left|\dfrac{z-\mathrm{i}}{z+\mathrm{i}}\right| \leqslant 2$ 的所有点 z 构成的集合是(   );

A. 有界区域   B. 无界区域
C. 有界闭区域   D. 无界闭区域

(4) 方程 $|z+2-3\mathrm{i}|=\sqrt{2}$ 所表示的曲线是(   );

A. 圆心在点 $2-3\mathrm{i}$, 半径为 $\sqrt{2}$ 的圆周
B. 圆心在点 $-2+3\mathrm{i}$, 半径为 2 的圆周
C. 圆心在点 $-2+3\mathrm{i}$, 半径为 $\sqrt{2}$ 的圆周
D. 圆心在点 $2-3\mathrm{i}$, 半径为 2 的圆周

(5) 下列方程所表示的曲线中不是圆周的为(   );

A. $\left|\dfrac{z-1}{z+2}\right|=2$
B. $|z+3|-|z-3|=4$
C. $\left|\dfrac{z-a}{1-\bar{a}z}\right|=1$ (a 为复数, $|a|<1$)
D. $z\bar{z}+a\bar{z}+\bar{a}z+a\bar{a}-c=0$ (a 为复数, $c>0$)

(6) 下列命题中真命题的个数为(   ).

① 若 c 为实常数, 则 $c=\bar{c}$.
② 若 z 为纯虚数, 则 $z \neq \bar{z}$.
③ $\mathrm{i} < 2\mathrm{i}$.
④ 0 的辐角是 0.
⑤ 存在唯一的复数 z, 使得 $\dfrac{1}{z}=-z$.
⑥ $|z_1+z_2|=|z_1|+|z_2|$.
⑦ $\dfrac{1}{\mathrm{i}}\bar{z}=\overline{\mathrm{i}z}$.

A. 2个   B. 3个
C. 4个   D. 5个

3. 写出复数 $z=1+\sin\varphi+\mathrm{i}\cos\varphi\left(0\leqslant\varphi\leqslant\dfrac{\pi}{2}\right)$ 的三角表达式与指数表达式.

4. 求级数 $\sum\limits_{k=0}^{n}\cos(\theta+k\varphi)$ 和 $\sum\limits_{k=0}^{n}\sin(\theta+k\varphi)$ 的和, 其中 $0\leqslant\varphi\leqslant 2\pi$.

5. 设复数 a 满足 $|a|<1$, 试证:

$$\left|\dfrac{z-a}{1-\bar{a}z}\right| \begin{cases} =1, & |z|=1, \\ <1, & |z|<1, \\ >1, & |z|>1. \end{cases}$$

6. 一个复数乘以 $-i$，它的模与辐角有何改变？

7. 计算下列复数的值：

(1) $(1-\sqrt{3}i)^5$；　　　　　　　　(2) $(1+i)^6$；

(3) $\sqrt[6]{-1}$.

8. 设 z_1, z_2, z_3 三点满足条件 $z_1+z_2+z_3=0, |z_1|=|z_2|=|z_3|=1$. 证明：$z_1, z_2, z_3$ 是内接于单位圆周 $|z|=1$ 的一个正三角形的顶点.

9. 证明：
$$|z_1+z_2|^2+|z_1-z_2|^2=2(|z_1|^2+|z_2|^2),$$
并说明其几何意义.

10. 指出下列表达式中点 z 的轨迹或所在范围，并作图：

(1) $|z-5|=6$；　　　　　　　　(2) $|z+2i|\geqslant 1$；

(3) $\text{Re}(z+2)=-1$；　　　　(4) $|z+3|+|z+1|=4$；

(5) $0<\arg z<\pi$.

11. 画出由下列不等式所确定区域或闭区域的图形，并指明它是有界的还是无界的，是单连通的还是多连通的.

(1) $\text{Im } z>0$；　　　　　　　　(2) $2\leqslant |z|\leqslant 3$；

(3) $|z-1|<4|z+3|$；　　　　(4) $z\bar{z}-(2+i)z-(2-i)\bar{z}\leqslant 4$.

第二章 解析函数

2.1 复变函数

1. 复变函数的概念

与数学分析中实变函数的定义类似,我们给出复变函数的定义如下.

设有一复数集 E. 如果存在一个对应法则 f, 使得对于 E 内任意一个复数 $z = x + \mathrm{i}y(x, y \in \mathbf{R})$, 存在一个或几个复数 $w = u + \mathrm{i}v(u, v \in \mathbf{R})$ 与之对应, 那么称 $w = f(z)$ 为定义在 E 上的一个**复变函数**, 其中 z 称为**自变量**, w 称为**因变量**, E 称为**定义域**, 所有 w 值构成的集合称为**值域**, 记作 $f(E)$.

若对复数集 E 内任意一个复数 z, 只存在一个复数 w 与之对应, 则称 $w = f(z)$ 为**单值函数**. 若对复数集 E 内任意一个复数 z, 存在多个复数 w 与之对应, 则称 $w = f(z)$ 为**多值函数**.

若对 $f(E)$ 内任意一个复数 w, 存在一个或几个复数 z 与之对应, 则称 $z = f^{-1}(w)$ 为函数 $w = f(z)$ 的**反函数**.

2. 极限与连续

设函数 $w = f(z)$ 在复数集 E 上有定义, z_0 是 E 的一个聚点. 若存在复常数 α, 使得 $\forall \varepsilon > 0, \exists \delta > 0$, 当 $0 < |z - z_0| < \delta (z \in E)$ 时, 有
$$|f(z) - \alpha| < \varepsilon$$
成立, 则称**函数 $f(z)$ 在点 z_0 处有极限** α, 记作
$$\lim_{z \to z_0} f(z) = \alpha.$$

由于复数 $z = x + \mathrm{i}y$ 与 $w = u + \mathrm{i}v$ 分别对应有序实数对 (x, y) 和 (u, v), 因此对于函数 $w = f(z)$, u, v 为 x, y 的二元实变函数 $u(x, y)$ 和 $v(x, y)$, 从而 $w = f(z)$ 又常写成 $f(z) = u(x, y) + \mathrm{i}v(x, y)$.

显然, 函数 $f(z) = u(x, y) + \mathrm{i}v(x, y)$ 在点 $z_0 = x_0 + \mathrm{i}y_0$ 处有极限 $\alpha = a + \mathrm{i}b$, 等价于 $u(x, y)$ 与 $v(x, y)$ 在点 z_0 处极限都存在, 且满足

$$\lim_{\substack{x\to x_0\\y\to y_0}}u(x,y)=a, \quad \lim_{\substack{x\to x_0\\y\to y_0}}v(x,y)=b.$$

设函数 $f(z)=u(x,y)+\mathrm{i}v(x,y)$ 在复数集 E 上有定义，$z_0\in E$ 是 E 的一个聚点. 如果

$$\lim_{z\to z_0}f(z)=f(z_0),$$

那么称函数 $f(z)$ 在点 z_0 处**连续**. 如果函数 $f(z)$ 在复数集 E 上的每一点处都连续，那么称 $f(z)$ 在 E 上**连续**.

显然，函数 $f(z)=u(x,y)+\mathrm{i}v(x,y)$ 在点 $z_0=x_0+\mathrm{i}y_0$ 处连续，等价于 $u(x,y)$ 与 $v(x,y)$ 在点 z_0 处都连续，即

$$\lim_{\substack{x\to x_0\\y\to y_0}}u(x,y)=u(x_0,y_0), \quad \lim_{\substack{x\to x_0\\y\to y_0}}v(x,y)=v(x_0,y_0).$$

由于复变函数在一点处连续的定义与数学分析中二元实变函数在一点处连续的定义完全类似，因此实变函数中许多关于连续函数的性质都可以推广到复变函数中.

例如，两个连续复变函数的和、差、积、商(分母不为 0) 都是连续函数；如果函数 $\xi=f(z)$ 在复数集 E 上连续，并且 $f(E)\subset F$，而在复数集 F 上，函数 $w=g(\xi)$ 连续，那么复合函数 $w=g[f(z)]$ 在 E 上连续.

设函数 $f(z)$ 在复数集 E 上有定义. 如果 $\forall\varepsilon>0, \exists\delta(\varepsilon)>0[\delta(\varepsilon)$ 只与 ε 有关，与 z 无关]，当 $0<|z_1-z_2|<\delta(\varepsilon)(z_1,z_2\in E)$ 时，有

$$|f(z_1)-f(z_2)|<\varepsilon$$

成立，那么称函数 $f(z)$ 在 E 上**一致连续**.

定理 2.1.1 如果函数 $f(z)$ 在点 z_0 处连续且 $f(z_0)\neq 0$，那么在点 z_0 的某个邻域内必有 $f(z)\neq 0$.

定理 2.1.2 如果函数 $f(z)$ 在简单曲线或有界闭区域 E 上连续，那么 $f(z)$ 在 E 上有界，即存在正常数 M，使得 $|f(z)|<M(z\in E)$.

接下来，我们将分别通过对定义域及值域内曲线图形的描绘，来更加直观地理解复变函数的性质.

设自变量 z 的取值范围为 E(在 z 平面上)，因变量 w 的取值范围为 $f(E)$(在 w 平面上)，则在几何上函数 $w=f(z)$ 是将复数集 E 变为 $f(E)$ 的**映射**，称 w 为 z 的**像**，z 为 w 的**原像**.

例 1 设函数 $w=f(z)=z^2$，$z=x+\mathrm{i}y$，$w=u(x,y)+\mathrm{i}v(x,y)$，由 $w=z^2$ 可得

$$u(x,y)=x^2-y^2, \quad v(x,y)=2xy.$$

(1) 若我们在 z 平面上取双曲线

$$\Gamma=\{(x,y)\mid x^2-y^2=c(c>0)\},$$

则函数 $w=f(z)$ 将 z 平面上的双曲线 Γ 映射成 w 平面上的直线(见图 2-1)

$$l=\{(u,v)\mid u=c(c>0), v\in\mathbf{R}\}.$$

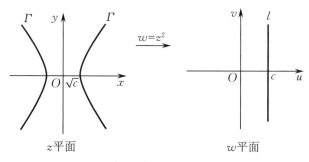

图 2 - 1

(2) 若设 $z = re^{i\theta}$，则 $w = r^2 e^{i2\theta}$. 这意味着函数 $w = f(z)$ 将 z 平面上的角形区域

$$E = \left\{ z \,\middle|\, |z| \leqslant r_0, 0 \leqslant \arg z \leqslant \frac{\pi}{2} \right\}$$

映射成 w 平面上的角形区域(见图 2 - 2)

$$F = \{ w \,|\, |w| \leqslant r_0^2, 0 \leqslant \arg w \leqslant \pi \}.$$

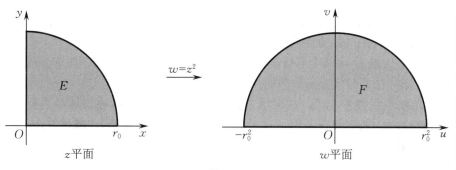

图 2 - 2

2.2 解析函数

既然一个复变函数等价于两个实变函数，而实变函数又已为人们所熟悉，那么为什么还要引进人们不熟悉的复变函数呢？如果两个实变函数 $u(x,y), v(x,y)$ 是任意选取的，并且它们之间又没有其他特殊的联系，那么确实没有必要把它们组合成复变函数. 不过在有些情况下，复变函数的实部 $u(x,y)$ 和虚部 $v(x,y)$ 之间有着密切的联系，我们将在本节进行探究.

1. 解析函数的概念

首先，我们把实变函数中导数的概念推广到复变函数中.

设函数 $f(z)$ 是定义在区域 D 内的单值函数，点 $z_0, z \in D$. 若极限

$$\lim_{z \to z_0} \frac{f(z) - f(z_0)}{z - z_0}$$

存在，则称函数 $f(z)$ 在点 z_0 处**可微**或**可导**，并称此极限值为 $f(z)$ 在点 z_0

处的**导数**，记作 $f'(z_0)$.

函数 $f(z)$ 在点 z_0 处可微用"ε-δ"语言来说，就是 $\forall \varepsilon > 0, \exists \delta(\varepsilon) > 0$，当 $0 < |z-z_0| < \delta(\varepsilon)(z \in D)$ 时，有

$$\left|\frac{f(z)-f(z_0)}{z-z_0} - f'(z_0)\right| < \varepsilon$$

成立. 由此可见，若函数 $f(z)$ 在点 z_0 处可微，则它一定在该点处连续.

如果函数 $f(z)$ 在点 z_0 的某个邻域内可微，则称 $f(z)$ 在该点处**解析**. 所以，函数在一点处解析，则函数在该点处一定可微，反之则不然. 如果函数 $f(z)$ 在区域 D 内的每一点处都解析，那么称 $f(z)$ 在**区域 D 内解析**. 如果函数 $f(z)$ 在包含闭区域 $\overline{D}$ 的某个区域内解析，那么称 $f(z)$ 在**闭区域 $\overline{D}$ 上解析**. 区域 D 内的解析函数也称为**全纯函数**或**正则函数**.

若函数 $f(z)$ 在点 z_0 处不解析，但是在点 z_0 的任一邻域内总有 $f(z)$ 的解析点，则称 z_0 为 $f(z)$ 的**奇点**.

例如，点 $z=0$ 是函数 $w=\dfrac{1}{z}$ 的奇点.

由于复变函数导数的定义和实变函数导数的定义基本相同，因此我们可以把数学分析中相关的求导法则推广到复变函数中来.

(1) 区域 D 内两个解析函数的和、差、积、商（分母不为 0）在 D 内仍解析，且求导法则与实变函数相同.

(2) 设函数 $\xi = f(z)$ 在区域 D 内解析，函数 $w = g(\xi)$ 在区域 G 内解析. 若 $f(D) \subset G$，则复合函数 $w = g[f(z)]$ 在区域 D 内解析，且满足复合函数的求导法则

$$\frac{dw}{dz} = \frac{dw}{d\xi} \cdot \frac{d\xi}{dz}.$$

接下来我们通过几个简单的例题来讨论某些复变函数的可微性.

例 1 讨论函数 $f(z) = z^2$ 的可微性.

解 因为

$$\lim_{\Delta z \to 0} \frac{(z+\Delta z)^2 - z^2}{\Delta z} = \lim_{\Delta z \to 0}(2z + \Delta z) = 2z,$$

所以函数 $f(z) = z^2$ 在任意点处都可微，且有 $(z^2)' = 2z$.

例 2 讨论函数 $f(z) = \bar{z}$ 的可微性.

解 设 $\Delta z = \Delta x + i\Delta y$，则

$$\frac{\Delta f}{\Delta z} = \frac{\overline{z+\Delta z} - \bar{z}}{\Delta z} = \frac{\bar{z} + \overline{\Delta z} - \bar{z}}{\Delta z} = \frac{\overline{\Delta z}}{\Delta z} = \frac{\Delta x - i\Delta y}{\Delta x + i\Delta y}.$$

若沿虚轴方向取 $\Delta z \to 0$，即 $\Delta x = 0, \Delta y \to 0$，则

$$\lim_{\Delta z \to 0} \frac{\Delta f}{\Delta z} = \lim_{\Delta y \to 0} \frac{-i\Delta y}{i\Delta y} = -1.$$

若沿实轴方向取 $\Delta z \to 0$，即 $\Delta y = 0, \Delta x \to 0$，则

$$\lim_{\Delta z \to 0} \frac{\Delta f}{\Delta z} = \lim_{\Delta x \to 0} \frac{\Delta x}{\Delta x} = 1.$$

由于沿不同路径所得极限值不同,因此当 $\Delta z \to 0$ 时,$\dfrac{\overline{z+\Delta z}-\overline{z}}{\Delta z}$ 的极限不存在. 所以,函数 $f(z)=\overline{z}$ 在任意点处都不可微.

例 3 讨论函数 $f(z)=|z|^2$ 的可微性.

解
$$\frac{\Delta f}{\Delta z} = \frac{|z+\Delta z|^2 - |z|^2}{\Delta z} = \frac{(z+\Delta z)(\overline{z}+\overline{\Delta z})-z\overline{z}}{\Delta z}$$
$$= \overline{z} + \overline{\Delta z} + z\,\frac{\overline{\Delta z}}{\Delta z}.$$

显然,当 $z=0$ 时,有 $\lim\limits_{\Delta z \to 0}\dfrac{\Delta f}{\Delta z}=0$;当 $z \neq 0$ 时,由例 2 知,$\dfrac{\Delta f}{\Delta z}(\Delta z \to 0)$ 的极限不存在. 因此,函数 $f(z)=|z|^2$ 除点 $z=0$ 外都不可微.

通过上述例题可以看到,复变函数的导数与实变函数在实质上还是有着很大的差别. 即使复变函数 $f(z)=u(x,y)+\mathrm{i}v(x,y)$ 的实部和虚部在区域 D 上都是可微的,$f(z)$ 也有可能是不可微的(如例 2 中的函数). 那么要使复变函数 $f(z)=u(x,y)+\mathrm{i}v(x,y)$ 在区域 D 上可微,其实部和虚部还需要满足什么样的条件呢? 下面来回答这个问题.

2. 柯西-黎曼方程

设函数 $f(z)=u(x,y)+\mathrm{i}v(x,y)$ 在区域 D 内解析,则 $f(z)=u(x,y)+\mathrm{i}v(x,y)$ 在 D 内任意点 $z=x+\mathrm{i}y$ 处都可微,且

$$f'(z)=\lim_{\Delta z \to 0}\frac{f(z+\Delta z)-f(z)}{\Delta z}.$$

设 $\Delta z = \Delta x + \mathrm{i}\Delta y$, $f(z+\Delta z)-f(z)=\Delta u + \mathrm{i}\Delta v$,则

$$f'(z) = \lim_{\Delta z \to 0}\frac{\Delta u + \mathrm{i}\Delta v}{\Delta x + \mathrm{i}\Delta y}$$
$$= \lim_{\substack{\Delta x \to 0 \\ \Delta y \to 0}} \mathrm{Re}\,\frac{\Delta u + \mathrm{i}\Delta v}{\Delta x + \mathrm{i}\Delta y} + \mathrm{i}\lim_{\substack{\Delta x \to 0 \\ \Delta y \to 0}} \mathrm{Im}\,\frac{\Delta u + \mathrm{i}\Delta v}{\Delta x + \mathrm{i}\Delta y}.$$

若沿虚轴方向取 $\Delta z \to 0$,即 $\Delta x=0,\Delta y \to 0$,则

$$f'(z) = \lim_{\Delta y \to 0}\frac{\Delta v}{\Delta y} - \mathrm{i}\lim_{\Delta y \to 0}\frac{\Delta u}{\Delta y}.$$

由 $f'(z)$ 存在知 u_y,v_y 均存在,且有

$$f'(z) = v_y - \mathrm{i}u_y. \tag{2.1}$$

若沿实轴方向取 $\Delta z \to 0$,即 $\Delta y=0, \Delta x \to 0$,则

$$f'(z) = \lim_{\Delta x \to 0}\frac{\Delta u}{\Delta x} + \mathrm{i}\lim_{\Delta x \to 0}\frac{\Delta v}{\Delta x}.$$

由 $f'(z)$ 存在知 u_x,v_x 均存在,且有

$$f'(z) = u_x + \mathrm{i}v_x. \tag{2.2}$$

由 $f'(z)$ 的唯一性及式(2.1)与式(2.2)可得
$$u_x = v_y, \quad u_y = -v_x. \tag{2.3}$$
方程(2.3)称为柯西-黎曼方程(C-R 方程).

定理 2.2.1 设函数 $f(z) = u(x,y) + \mathrm{i}v(x,y)$ 在区域 D 内有定义,则 $f(z)$ 在点 $z = x + \mathrm{i}y$ 处可微的充要条件是:二元实变函数 $u(x,y)$, $v(x,y)$ 在点 (x,y) 处可微,且满足柯西-黎曼方程.

证明 必要性. 由题设,函数 $f(z)$ 在点 $z = x + \mathrm{i}y$ 处可微,故设
$$f'(z) = \alpha = a + \mathrm{i}b \quad (a, b \in \mathbf{R}), \quad \Delta z = \Delta x + \mathrm{i}\Delta y.$$
由导数的定义式不难得到
$$\Delta f(z) = \alpha \Delta z + o(|\Delta z|)$$
$$= (a + \mathrm{i}b)(\Delta x + \mathrm{i}\Delta y) + o(|\Delta z|)$$
$$= a\Delta x - b\Delta y + \mathrm{i}(b\Delta x + a\Delta y) + o(|\Delta z|),$$
其中 $o(|\Delta z|)$ 是 $|\Delta z| \to 0$ 的无穷小量. 若设
$$\Delta f(z) = \Delta u(x,y) + \mathrm{i}\Delta v(x,y),$$
则由两复数相等的定义,可得
$$\Delta u(x,y) = a\Delta x - b\Delta y + \mathrm{Re}\, o(|\Delta z|), \tag{2.4}$$
$$\Delta v(x,y) = b\Delta x + a\Delta y + \mathrm{Im}\, o(|\Delta z|). \tag{2.5}$$
由式(2.4)可得函数 $u(x,y)$ 在点 (x,y) 处可微,且
$$u_x = a, \quad u_y = -b.$$
由式(2.5)可得函数 $v(x,y)$ 在点 (x,y) 处可微,且
$$v_x = b, \quad v_y = a.$$
也就是说,函数 $u(x,y), v(x,y)$ 在点 (x,y) 处可微,且满足柯西-黎曼方程.

充分性. 由于函数 $u(x,y), v(x,y)$ 在点 (x,y) 处可微,且满足柯西-黎曼方程,从而可得式(2.4)及式(2.5),把式(2.5)乘以 i 后加上式(2.4)可得
$$\Delta f(z) = \Delta u(x,y) + \mathrm{i}\Delta v(x,y)$$
$$= a\Delta x - b\Delta y + \mathrm{i}(b\Delta x + a\Delta y) + o(|\Delta z|)$$
$$= (a + \mathrm{i}b)(\Delta x + \mathrm{i}\Delta y) + o(|\Delta z|)$$
$$= \alpha \Delta z + o(|\Delta z|).$$
由上式可知,函数 $f(z)$ 在点 $z = x + \mathrm{i}y$ 处可微,且有
$$f'(z) = \alpha = a + \mathrm{i}b.$$

从定理 2.2.1 的证明过程我们还可以看出,若函数 $f(z) = u(x,y) + \mathrm{i}v(x,y)$ 在点 $z = x + \mathrm{i}y$ 处可微,则其导数为
$$f'(z) = u_x + \mathrm{i}v_x.$$

由定理 2.2.1 及函数在区域内解析的定义,马上可以推出下面的定理.

定理 2.2.2 设函数 $f(z) = u(x,y) + \mathrm{i}v(x,y)$ 在区域 D 内有定义,则 $f(z)$ 在 D 内解析的充要条件是:二元实变函数 $u(x,y), v(x,y)$ 在 D

内可微,且满足柯西-黎曼方程.

由上述定理,我们再回顾一下本节的例 3. 函数 $f(z)=|z|^2(z=x+iy)$ 的实部为 $u(x,y)=x^2+y^2$,虚部为 $v(x,y)=0$,不难验证其实部和虚部在任意点处均可微,但仅在点 $z=0$ 处满足柯西-黎曼方程,因此该函数只在点 $z=0$ 处可微,从而该函数在复平面上处处不解析.

定理 2.2.3 若函数 $f(z)$ 在区域 D 内解析,且在 D 内每一点处都有 $f'(z)=0$,则 $f(z)$ 在 D 内恒为复常数.

证明 设函数 $f(z)=u(x,y)+iv(x,y)$,则 $f'(z)=u_x+iv_x$,于是由 $f'(z)=0$ 可得 $u_x=v_x=0$. 再根据柯西-黎曼方程可得 $u_y=v_y=0$. 由此可见,$u(x,y)$ 和 $v(x,y)$ 都是实常数,因此函数 $f(z)$ 在区域 D 内恒为复常数.

例 4 讨论函数 $f(z)=e^z(z=x+iy)$ 的解析性.

解 由欧拉公式可得
$$f(z)=e^z=e^{x+iy}=e^x(\cos y+i\sin y),$$
故函数 $f(z)$ 的实部为 $u(x,y)=e^x\cos y$,虚部为 $v(x,y)=e^x\sin y$. 它们分别对 x,y 求偏导可得
$$u_x=e^x\cos y, \quad u_y=-e^x\sin y,$$
$$v_x=e^x\sin y, \quad v_y=e^x\cos y.$$
显然,u_x,u_y,v_x,v_y 在复平面上连续,因此函数 $u(x,y),v(x,y)$ 均在复平面上可微,且满足柯西-黎曼方程. 故函数 $f(z)=e^z$ 在复平面上解析,且
$$(e^z)'=u_x+iv_x=e^x(\cos y+i\sin y)=e^z.$$

读者可自行证明:在极坐标系下,函数 $f(z)=u(r,\theta)+iv(r,\theta)$ 在区域 D 内解析的充要条件是:二元实变函数 $u(r,\theta),v(r,\theta)$ 在区域 D 内可微,且满足极坐标系下的柯西-黎曼方程
$$ru_r=v_\theta, \quad u_\theta=-rv_r.$$
并且若函数 $f(z)$ 在点 $z=re^{i\theta}$ 处可微,则其导数为
$$f'(z)=e^{-i\theta}(u_r+iv_r).$$

例 5 讨论函数 $f(z)=\sqrt[3]{r}\,e^{i\frac{\theta}{3}}(z=re^{i\theta},r>0,\alpha<\theta<\alpha+2\pi)$ 的解析性.

解 由题设可得函数 $f(z)$ 的实部和虚部分别为
$$u(r,\theta)=\sqrt[3]{r}\cos\frac{\theta}{3}, \quad v(r,\theta)=\sqrt[3]{r}\sin\frac{\theta}{3},$$
计算可得
$$ru_r=\frac{\sqrt[3]{r}}{3}\cos\frac{\theta}{3}=v_\theta, \quad u_\theta=-\frac{\sqrt[3]{r}}{3}\sin\frac{\theta}{3}=-rv_r.$$
由此可知,函数 $f(z)$ 在区域 $\{(r,\theta)\mid r>0,\alpha<\theta<\alpha+2\pi\}$ 上解析,且
$$f'(z)=\frac{e^{-i\theta}}{3\sqrt[3]{r^2}}\left(\cos\frac{\theta}{3}+i\sin\frac{\theta}{3}\right)=\frac{1}{3f^2(z)}.$$

3. 调和函数

满足二维拉普拉斯方程

$$\frac{\partial^2 u}{\partial x^2}+\frac{\partial^2 u}{\partial y^2}=0$$

的二元实变函数 $u(x,y)$ 称为**二元调和函数**，简称**调和函数**.

若函数 $u(x,y), v(x,y)$ 均为调和函数，且满足柯西-黎曼方程 $u_x=v_y$, $u_y=-v_x$, 则称 v 是 u 的**共轭调和函数**.

定理 2.2.4 函数 $f(z)=u(x,y)+\mathrm{i}v(x,y)$ 在单连通区域 D 内解析的充要条件是：$v(x,y)$ 是 $u(x,y)$ 的共轭调和函数.

由定理 2.2.4 可知，若函数 $f(z)=u(x,y)+\mathrm{i}v(x,y)$ 在单连通区域 D 内解析，且已知 $u(x,y)$ 或 $v(x,y)$ 中的一个，就可确定 $f(z)$，不过可能相差一个实数或纯虚数.

例 6 求一解析函数 $f(z)$，使其实部为 x^3-3xy^2.

解 设函数 $f(z)=u(x,y)+\mathrm{i}v(x,y)$，由题意可知 $u(x,y)=x^3-3xy^2$. 又因为 $f(z)$ 解析，所以有

$$\frac{\partial u}{\partial x}=\frac{\partial v}{\partial y}=3x^2-3y^2, \qquad \frac{\partial u}{\partial y}=-\frac{\partial v}{\partial x}=-6xy.$$

由上式可得

$$v(x,y)=\int_{(0,0)}^{(x,0)} 6xy\mathrm{d}x+(3x^2-3y^2)\mathrm{d}y+\int_{(x,0)}^{(x,y)} 6xy\mathrm{d}x+(3x^2-3y^2)\mathrm{d}y+C$$

$$=\int_0^y (3x^2-3y^2)\mathrm{d}y+C=3x^2y-y^3+C,$$

其中 C 为任意实数. 因此

$$f(z)=u(x,y)+\mathrm{i}v(x,y)=(x+\mathrm{i}y)^3+\mathrm{i}C=z^3+\mathrm{i}C.$$

2.3 初等函数

在上一节中，我们给出了解析函数的概念及性质. 在本节中，我们将把数学分析中常用的一些初等函数及其性质在复数域中进行自然推广. 经过推广后的初等函数，往往会获得一些新的性质.

1. 指数函数

2.2 节的例 4 告诉我们，函数

$$f(z)=\mathrm{e}^z=\mathrm{e}^x(\cos y+\mathrm{i}\sin y)$$

在复平面上解析，且 $f'(z)=f(z)$，还容易验证

$$f(z_1+z_2)=f(z_1)f(z_2).$$

结合实指数函数的定义，我们给出复指数函数的定义如下.

对于任何复数 $z=x+\mathrm{i}y$,我们把关系式
$$\mathrm{e}^z=\mathrm{e}^x(\cos y+\mathrm{i}\sin y)$$
定义为指数函数.

根据指数函数的定义,易得 e^z 有下列性质.

(1) 当 z 取实数时,即 $\forall z=x(y=0)$,指数函数的定义与实指数函数的定义一致.

(2) e^z 在复平面上解析,且 $(\mathrm{e}^z)'=\mathrm{e}^z$.

(3) $|\mathrm{e}^z|=\mathrm{e}^x>0$,$\arg\mathrm{e}^z=y$,在复平面上 $\mathrm{e}^z\neq 0$.

(4) 对任意复数 z_1,z_2,有 $\mathrm{e}^{z_1+z_2}=\mathrm{e}^{z_1}\mathrm{e}^{z_2}$.

(5) e^z 是以 $2\pi\mathrm{i}$ 为周期的周期函数.

因为对任意整数 k,有
$$\mathrm{e}^{z+2k\pi\mathrm{i}}=\mathrm{e}^z(\cos 2k\pi+\mathrm{i}\sin 2k\pi)=\mathrm{e}^z.$$

(6) $\mathrm{e}^{z_1}=\mathrm{e}^{z_2}\Leftrightarrow z_1=z_2+2k\pi\mathrm{i}(k=0,\pm 1,\pm 2,\cdots)$.

(7) $\mathrm{e}^{-z}=\dfrac{1}{\mathrm{e}^z}$,$\mathrm{e}^{z_1-z_2}=\dfrac{\mathrm{e}^{z_1}}{\mathrm{e}^{z_2}}$.

(8) 极限 $\lim\limits_{z\to\infty}\mathrm{e}^z$ 不存在,即 e^∞ 无意义.

因为当 z 沿实轴趋于 $+\infty$ 时,$\mathrm{e}^z\to+\infty$;当 z 沿实轴趋于 $-\infty$ 时,$\mathrm{e}^z\to 0$.

(9) 当 $x=0$ 时,就得到欧拉公式 $\mathrm{e}^{\mathrm{i}y}=\cos y+\mathrm{i}\sin y$.

例 1 指数函数 $w=\mathrm{e}^z$ 把 z 平面上的带形区域
$$B=\{z\,|\,z\in\mathbf{C},0<\mathrm{Im}\,z<2\pi\}$$
映射成 w 平面上的什么区域?

解 考虑 z 平面上的直线 $L:\mathrm{Im}\,z=y_0$,则 $w=\mathrm{e}^z=\mathrm{e}^x(\cos y_0+\mathrm{i}\sin y_0)$. 由 x 的任意性知,w 的模 $|w|=\mathrm{e}^x$ 从 0(不包含原点 O)增大到正无穷,而辐角主值 $\arg w=y_0$ 保持不变. 也就是说,函数 $w=\mathrm{e}^z$ 把 z 平面上平行于实轴的直线 L 映射成 w 平面上的一条射线 $L'=\{w\,|\,\arg w=y_0,w\neq 0\}$,如图 2-3 所示. 当 y_0 从 0 递增到 2π 时,直线 L 扫过带形区域 B,相应地射线 L' 从 w 平面上的正实轴沿逆时针方向转一圈回到正实轴. 因此,指数函数 $w=\mathrm{e}^z$ 把 z 平面上的带形区域 $B=\{z\,|\,z\in\mathbf{C},0<\mathrm{Im}\,z<2\pi\}$ 映射成 w 平面上除去原点及正实轴外的其他区域,且该映射是双射(见图 2-3).

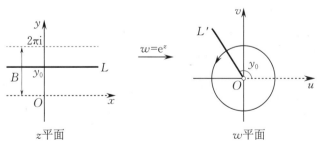

图 2-3

例 2 解方程 $e^z = 1+i$.

解 设 $z = x+iy$, 则

$$e^z = e^x(\cos y + i\sin y) = 1+i = \sqrt{2}\left(\cos\frac{\pi}{4} + i\sin\frac{\pi}{4}\right),$$

从而

$$e^x = \sqrt{2}, \quad y = \frac{\pi}{4} + 2k\pi \quad (k \in \mathbf{Z}),$$

解得 $x = \frac{1}{2}\ln 2$. 于是

$$z = \frac{1}{2}\ln 2 + i\left(\frac{1}{4} + 2k\right)\pi \quad (k \in \mathbf{Z}).$$

2. 三角函数

对任意实数 x, 由欧拉公式可得

$$e^{ix} = \cos x + i\sin x, \quad e^{-ix} = \cos x - i\sin x,$$

从而有

$$\sin x = \frac{e^{ix} - e^{-ix}}{2i}, \quad \cos x = \frac{e^{ix} + e^{-ix}}{2}.$$

自然地, 我们把任意实数 x 推广到任意复数 z, 分别定义**正弦函数**和**余弦函数**如下:

$$\sin z = \frac{e^{iz} - e^{-iz}}{2i}, \quad \cos z = \frac{e^{iz} + e^{-iz}}{2}.$$

显然, 对任意复数 z, 欧拉公式仍然成立, 即有

$$e^{iz} = \cos z + i\sin z.$$

由指数函数的性质, 我们可以得到三角函数的以下性质.

(1) $(\sin z)' = \cos z, \quad (\cos z)' = -\sin z$.

(2) $\sin z$ 及 $\cos z$ 是以 2π 为周期的周期函数.

(3) $\sin(-z) = -\sin z, \quad \cos(-z) = \cos z$.

(4) $\cos(z_1 + z_2) = \cos z_1 \cos z_2 - \sin z_1 \sin z_2$,
    $\sin(z_1 + z_2) = \sin z_1 \cos z_2 + \cos z_1 \sin z_2$.

(5) $\cos^2 z + \sin^2 z = 1$.

(6) 在复数域内, 不等式 $|\sin z| \leqslant 1$, $|\cos z| \leqslant 1$ 不再成立.

例如, 取 $z = iy (y > 0)$, 则

$$\cos(iy) = \frac{e^{-y} + e^y}{2} > \frac{e^y}{2}.$$

只要 y 充分大, 则 $\cos(iy)$ 就可以大于任意预先给定的正数, 因此它不再有界.

定义了三角函数 $\sin z$ 和 $\cos z$ 后, 我们就可以定义并研究其他复变量三

角函数：
$$\tan z = \frac{\sin z}{\cos z}, \quad \cot z = \frac{\cos z}{\sin z}, \quad \sec z = \frac{1}{\cos z}, \quad \csc z = \frac{1}{\sin z},$$
这些函数分别称为**正切函数**、**余切函数**、**正割函数**及**余割函数**. 它们均在复平面上那些能使其分母不为零的区域内解析，且与相应的实变量三角函数有着类似的性质.

我们还可以定义**双曲正弦函数**、**双曲余弦函数**、**双曲正切函数**、**双曲余切函数**、**双曲正割函数**及**双曲余割函数**如下：
$$\sinh z = \frac{e^z - e^{-z}}{2}, \quad \cosh z = \frac{e^z + e^{-z}}{2}, \quad \tanh z = \frac{\sinh z}{\cosh z},$$
$$\coth z = \frac{\cosh z}{\sinh z}, \quad \operatorname{sech} z = \frac{1}{\cosh z}, \quad \operatorname{csch} z = \frac{1}{\sinh z}.$$

例 3 计算余弦函数 $\cos(1+2i)$ 的值.

解 利用三角函数的性质可得
$$\cos(1+2i) = \cos 1 \cos 2i - \sin 1 \sin 2i$$
$$= \cos 1 \frac{e^{-2} + e^2}{2} - \sin 1 \frac{e^{-2} - e^2}{2i}$$
$$= \cos 1 \cosh 2 - i \sin 1 \sinh 2.$$

3. 辐角函数

在第一章 1.1 节中我们介绍过复数的辐角，知道任意非零复数均有无穷多个辐角. 也就是说，一个复数的辐角是多值的. 因此，我们接下来研究的辐角函数 $w = \operatorname{Arg} z = \arg z + 2k\pi (k \in \mathbf{Z}; z \neq 0)$ 是一个多值函数.

考虑区域
$$D = \mathbf{C} \setminus \{z \mid z = x + iy, x \leqslant 0, y = 0\},$$
它是复平面除去负实轴（包含原点）所得的区域. 显然，在区域 D 内，$w = \operatorname{Arg} z$ 的辐角主值 $\arg z (-\pi < \arg z < \pi)$ 是一个单值连续函数. 当 k 取某定值后，函数
$$w = \arg z + 2k\pi$$
也是一个单值连续函数. 也就是说，在区域 D 内，辐角函数 $w = \operatorname{Arg} z$ 可以分解成无穷多个单值连续函数，称
$$w_k = \arg z + 2k\pi \quad (k \in \mathbf{Z})$$
为 $w = \operatorname{Arg} z$ 在 D 内的一个**单值连续分支**.

我们也把 $\operatorname{Arg} z$ 的任一个确定的值记作 $\arg z$. 在扩充复平面上任取一点 z_0，在 z_0 的充分小的邻域内（若 $z_0 \neq 0$，则取此邻域不包含 0；若 $z_0 = \infty$，则取此邻域为 $|z| > R$，R 为充分大的正数）围绕 z_0 任作一条简单闭曲线 C. 在 C 上任取一点 z_1，先取定 z_1 的辐角为 $\arg z_1 = \theta_1$，让 z 从 z_1 出发沿曲线 C 连续变动并回到 z_1，设相应的辐角从 θ_1 连续变动到 θ_2. 若 $z_0 \neq 0$ 或 ∞，则 $\theta_1 =$

θ_2,否则 $\theta_1 = \theta_2 \pm 2\pi$. 由此可见,0 和 ∞ 对辐角函数 $w = \mathrm{Arg}\, z$ 来说是特殊的两点.

对于函数 $f(z)$,若变点 z 绕某定点 z_0 绕行一周回到原来的位置时,对应的函数值发生了变化,则称 z_0 为 $f(z)$ 的**支点**. 0 和 ∞ 是辐角函数 $w = \mathrm{Arg}\, z$ 的两个支点.

辐角函数的多值性决定了下列函数的多值性.

4. 对数函数

对任意复数 $z \neq 0$,我们把满足 $z = e^w$ 的复数 w 称为 z 的**对数**,记作
$$w = \mathrm{Ln}\, z.$$

回顾本节例 2 的解题过程可知,满足 $z = e^w$ 的复数 w 有无穷多个,且
$$w = \mathrm{Ln}\, z = \ln|z| + i\mathrm{Arg}\, z = \ln|z| + i(\arg z + 2k\pi) \quad (k \in \mathbf{Z}).$$
由此可见,任意非零复数有无穷多个对数,且任意两个对数之间相差 $2\pi i$ 的整数倍.

我们把 $w_k = \ln|z| + i(\arg z + 2k\pi)$ 称为 $\mathrm{Ln}\, z$ 的一个分支,其中 k 为某个确定的整数. 特别地,把
$$\ln z = \ln|z| + i\arg z$$
称为 $\mathrm{Ln}\, z$ 的**主值分支**. 如果 z 是正实数,那么 $\ln z$ 就是数学分析中研究的实变量对数函数.

由对数函数的定义可知,0 和 ∞ 是对数函数的两个支点. 设 K_1 为扩充复平面上任意一条连接 0 和 ∞ 的简单曲线(见图 2-4),称为**割线**. 设区域 $D = \mathbf{C} \setminus K_1$,在 D 中任取一点 z_1,取定 $\arg z_1 = \theta_1$,并在 D 中任作一条以 z_1 为端点的简单曲线 L. 让 z 从 z_1 沿着曲线 L 连续变动到 z,设相应的辐角改变值为 α,则 $\arg z = \theta_1 \pm \alpha$(顺时针转动取负角,逆时针转动取正角),从而 $\arg z$ 的值由起点 z_1 和辐角改变值决定,而与曲线 L 的形状无关. 于是 $\arg z$ 为单值连续函数,从而 $\mathrm{Ln}\, z$ 的任一分支为单值连续分支. 这样就在 D 内把 $\mathrm{Ln}\, z$ 分成无穷多个单值连续函数了.

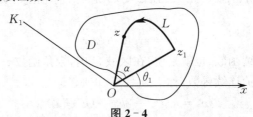

图 2-4

不难证明,对数函数的单值连续分支都是解析的,且有如下性质.

(1) 当 $z_1, z_2 \neq 0$ 时,有
$$\mathrm{Ln}(z_1 z_2) = \mathrm{Ln}\, z_1 + \mathrm{Ln}\, z_2, \quad \mathrm{Ln}\left(\frac{z_1}{z_2}\right) = \mathrm{Ln}\, z_1 - \mathrm{Ln}\, z_2.$$

(2) $(\ln z)' = \dfrac{1}{z}$.

例 4 计算对数函数 Ln i 的值.

解 $\text{Ln i} = \ln|i| + i(\arg i + 2k\pi) = \left(\dfrac{\pi}{2} + 2k\pi\right)i \quad (k \in \mathbf{Z})$,

且其主值分支为 $\ln i = \dfrac{\pi}{2}i$.

5. 幂函数

设 α 为复常数,$z \neq 0$,称
$$w = z^\alpha = e^{\alpha \text{Ln} z}$$

为 z 的**幂函数**. 不难验证,当 α 取正整数 n 或分数 $\dfrac{1}{n}(n \geqslant 2)$ 时,它就是我们在第一章 1.1 节里定义过的幂函数 z^n 或根式函数 $\sqrt[n]{z}$.

由对数函数的定义可得
$$w = z^\alpha = e^{\alpha \text{Ln} z} = e^{\alpha \ln z} e^{2k\pi i \alpha} \quad (k \in \mathbf{Z}),$$

其中 $\ln z$ 为对数函数 Ln z 的主值分支. 由此可见,对同一复数 z,它的幂函数值的个数由因子 $e^{2k\pi i \alpha}$ 的个数决定. 又因为 $e^{2k\pi i} = 1 (k \in \mathbf{Z})$,所以有下列结论.

(1) 当 α 是一整数 n 时,$z^\alpha = z^n$ 是 z 的单值函数.

(2) 当 α 是一有理数 $\dfrac{q}{p}$(既约分数) 时,$e^{2k\pi i \frac{q}{p}}$ 有 p 个不同的值,此时

$$z^{\frac{q}{p}} = e^{\frac{q}{p}\ln z} e^{2k\pi i \frac{q}{p}}, \quad k = 0, 1, 2, \cdots, p-1.$$

(3) 当 α 是一无理数或虚数时,$e^{2k\pi i \alpha}$ 所有的值各不相同,因此 z^α 有无穷多个值.

例 5 计算下列幂函数的值:(1) i^i;(2) 2^{1+i}.

解 (1) $i^i = e^{i \text{Ln} i} = e^{i\left(\frac{\pi}{2}+2k\pi\right)i} = e^{-\left(\frac{\pi}{2}+2k\pi\right)} (k \in \mathbf{Z})$.

(2) $2^{1+i} = e^{(1+i)\text{Ln} 2} = e^{(1+i)(\ln 2 + 2k\pi i)} = e^{\ln 2 - 2k\pi + i(\ln 2 + 2k\pi)}$
$= e^{\ln 2 - 2k\pi}(\cos \ln 2 + i \sin \ln 2) \quad (k \in \mathbf{Z})$.

与对数函数 Ln z 一样,0 和 ∞ 也是幂函数 z^α 的两个支点. 设 K_1 为扩充复平面上任意一条连接 0 和 ∞ 的简单曲线,区域 $D = \mathbf{C} \backslash K_1$,则幂函数 z^α 的任意分支在 D 内均解析,且有
$$(z^\alpha)' = \alpha z^{\alpha - 1}.$$

例 6 作出一个含 -1 的区域,使得函数
$$w = \sqrt{z(z-1)(z-2)}$$

在该区域内可分成解析分支,并求满足 $w(i) = -\sqrt[4]{10}\, e^{\frac{i}{2}\arctan \frac{1}{3}}$ 的一个解析分支在点 $z = -1$ 的值.

解 先求函数 $w=\sqrt{z(z-1)(z-2)}$ 的支点.

由幂函数的定义可得
$$w=|z(z-1)(z-2)|^{\frac{1}{2}}\mathrm{e}^{\frac{\mathrm{i}}{2}[\mathrm{Arg}\,z+\mathrm{Arg}(z-1)+\mathrm{Arg}(z-2)]}.$$

由于幂函数 z^a 的支点为 0 和 ∞,因此函数 $w=\sqrt{z(z-1)(z-2)}$ 的可能支点是 $0,1,2$ 及 ∞. 在扩充复平面上任作一条简单闭曲线 C,使其不经过点 $0,1$ 及 2,并使其内部包含 0,但不包含 1 和 2. 取定 C 上一点 z_1,分别确定 $\mathrm{Arg}\,z$,$\mathrm{Arg}(z-1)$ 及 $\mathrm{Arg}(z-2)$ 在 z_1 的值为 $\arg z_1$,$\arg(z_1-1)$ 及 $\arg(z_1-2)$. 当 z 从 z_1 按逆时针方向沿 C 连续变动一周时,$\arg z_1$ 的值增加了 2π,而 $\arg(z_1-1)$ 和 $\arg(z_1-2)$ 的值没有改变(见图 2-5). 于是函数 w 在 z_1 的值从
$$w_1=|z_1(z_1-1)(z_1-2)|^{\frac{1}{2}}\mathrm{e}^{\frac{\mathrm{i}}{2}[\arg z_1+\arg(z_1-1)+\arg(z_1-2)]}$$
连续变化到
$$|z_1(z_1-1)(z_1-2)|^{\frac{1}{2}}\mathrm{e}^{\frac{\mathrm{i}}{2}[\arg z_1+2\pi+\arg(z_1-1)+\arg(z_1-2)]}=-w_1.$$

因此,0 是函数 w 的支点. 同理可证,$1,2$ 及 ∞ 也是该函数的支点.

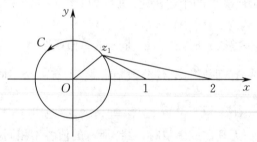

图 2-5

接着构造割线.

在扩充复平面上取连接 $0,1,2$ 及 ∞ 的任一条无界简单曲线作为割线 L,于是在区域 $\mathbf{C}\backslash L$ 内,可把函数
$$w=\sqrt{z(z-1)(z-2)}$$
分成解析分支. 这样的割线并不唯一. 例如,可取 $[0,+\infty)$ 作为割线,得到区域 $D=\mathbf{C}\backslash[0,+\infty)$,使得函数 $w=\sqrt{z(z-1)(z-2)}$ 在 D 上可分成解析分支.

割线还有其他的取法. 不妨设 γ 是包含 $0,1$ 两点,但不包含点 2 的简单闭曲线,z_2 是 γ 上一点,取定函数 w 在 z_2 的一个值,则当 z 从 z_2 按逆时针方向沿 γ 连续变化一周回到 z_2 时,$\arg z_2$ 和 $\arg(z_2-1)$ 的值同时增加了 2π,而 $\arg(z_2-2)$ 的值没有变化(见图 2-6),于是 w 的值不会改变. 因此,任作一条简单闭曲线 γ,使其不经过点 $0,1$ 及 2,并使其内部仅包含这三点中的两点,则当 z 从 z_2 沿 γ 连续变化一周回到 z_2 时,w 的值不会改变. 于是,在扩充复平面上也可取 $L_1=[0,1]\cup[2,+\infty)$ 作为割线,得到区域 $D_1=\mathbf{C}\backslash L_1$,使得

函数 $w=\sqrt{z(z-1)(z-2)}$ 在 D_1 上可分成解析分支.

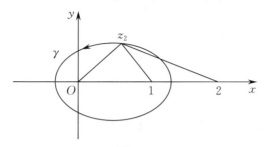

图 2-6

最后求满足 $w(\mathrm{i})=-\sqrt[4]{10}\,\mathrm{e}^{\frac{\mathrm{i}}{2}\arctan\frac{1}{3}}$ 的一个解析分支在点 $z=-1$ 的值. 在点 $z=\mathrm{i}$ 处,我们分别确定

$$\arg z=\frac{\pi}{2},\quad \arg(z-1)=\frac{3\pi}{4},\quad \arg(z-2)=\pi-\arctan\frac{1}{2},$$

如图 2-7 所示. 于是在区域 D 或 D_1 内, w 可分成两个解析分支

$$w_k=|z(z-1)(z-2)|^{\frac{1}{2}}\mathrm{e}^{\frac{\mathrm{i}}{2}[\arg z+\arg(z-1)+\arg(z-2)+2k\pi]}\quad (k=0,1).$$

由于 $w(\mathrm{i})=-\sqrt[4]{10}\,\mathrm{e}^{\frac{\mathrm{i}}{2}\arctan\frac{1}{3}}$,代入上式后解得 $k=0$,即我们所求的分支为

$$w_0=|z(z-1)(z-2)|^{\frac{1}{2}}\mathrm{e}^{\frac{\mathrm{i}}{2}[\arg z+\arg(z-1)+\arg(z-2)]}. \qquad (2.6)$$

在区域 D 或 D_1 内任作一条连接点 $-1,\mathrm{i}$ 的连续曲线 γ,当点 z 沿 γ 从 i 连续变化到 -1 时(见图 2-7),在点 $z=-1$ 处,有

$$\arg z=\pi,\quad \arg(z-1)=\pi,\quad \arg(z-2)=\pi.$$

再由式(2.6)可得该分支在点 $z=-1$ 的值是

$$w_0(-1)=\sqrt{6}\,\mathrm{e}^{\frac{\mathrm{i}}{2}(3\pi)}=-\sqrt{6}\,\mathrm{i}.$$

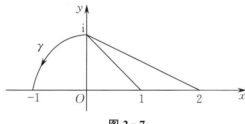

图 2-7

6. 反三角函数

与实变函数类似,我们把三角函数的反函数定义为**反三角函数**. 把满足 $z=\sin w$ 的复数 w 称为 z 的**反正弦函数**,记作

$$w=\operatorname{Arcsin} z.$$

由于

$$z=\sin w=\frac{\mathrm{e}^{\mathrm{i}w}-\mathrm{e}^{-\mathrm{i}w}}{2\mathrm{i}},$$

把方程改写为
$$(e^{iw})^2 - 2iz(e^{iw}) - 1 = 0,$$
上式可以看作 e^{iw} 的二次方程，从而解得
$$e^{iw} = iz + \sqrt{1-z^2}.$$
再根据对数函数的定义，可得
$$w = \text{Arcsin } z = -i\text{Ln}(iz + \sqrt{1-z^2}). \tag{2.7}$$
由对数函数的多值性可知，反正弦函数也是多值函数.

注 不应忽视式(2.7)中的根式是二值的.

例 7 计算反正弦函数 $w = \text{Arcsin}(-i)$ 的值.

解 因为
$$w = \text{Arcsin}(-i) = -i\text{Ln}(1 \pm \sqrt{2}),$$
而
$$\text{Ln}(1+\sqrt{2}) = \ln(1+\sqrt{2}) + 2k\pi i,$$
$$\text{Ln}(1-\sqrt{2}) = \ln(\sqrt{2}-1) + (2k+1)\pi i,$$
其中 $k \in \mathbf{Z}$，且 $\ln(\sqrt{2}-1) = -\ln(1+\sqrt{2})$，所以
$$w = \text{Arcsin}(-i) = k\pi + i(-1)^{n+1}\ln(1+\sqrt{2}) \quad (k \in \mathbf{Z}).$$

类似地，我们可以定义反余弦函数 $w = \text{Arccos } z$ 和反正切函数 $w = \text{Arctan } z$，它们有等式
$$w = \text{Arccos } z = -i\text{Ln}(z + i\sqrt{1-z^2}),$$
$$w = \text{Arctan } z = \frac{i}{2}\text{Ln}\frac{i+z}{i-z}.$$

在取单值连续分支后，由反函数及对数求导法则得
$$(\text{Arcsin } z)' = \frac{1}{\sqrt{1-z^2}},$$
$$(\text{Arccos } z)' = -\frac{1}{\sqrt{1-z^2}},$$
$$(\text{Arctan } z)' = \frac{1}{1+z^2}.$$

习题二

1. 填空题：

(1) 设 $f(0) = 1, f'(0) = 1+i$，则 $\lim\limits_{z \to 0} \dfrac{f(z)-1}{z} = $ _____；

(2) 设函数 $f(z)=u+\mathrm{i}v$ 在区域 D 内解析，若 $u+v$ 是实常数，则 $f(z)$ 在 D 内是_____；

(3) 设函数 $f(z)=x^3+y^3+\mathrm{i}x^2y^2$，则 $f'\left(-\dfrac{3}{2}+\dfrac{3}{2}\mathrm{i}\right)=$_____；

(4) 函数 $f(z)=z\operatorname{Im}z-\operatorname{Re}z$ 仅在点 $z=$_____处可微；

(5) 复数 i^{i} 的模为_____；

(6) $\operatorname{Im}\ln(3-4\mathrm{i})=$_____．

2. 单项选择题：

(1) 函数 $f(z)=3|z|^2$ 在点 $z=0$ 处（　　）；

A. 解析 B. 可微

C. 不可微 D. 既不可微，也不解析

(2) 下列命题中正确的是（　　）；

A. 若 x,y 为实数，则 $|\cos(x+\mathrm{i}y)|\leqslant 1$

B. 若 z_0 是函数 $f(z)$ 的奇点，则 $f(z)$ 在点 z_0 处不可微

C. 若二元实变函数 $u(x,y),v(x,y)$ 在区域 D 内满足柯西-黎曼方程，则函数 $f(z)=u(x,y)+\mathrm{i}v(x,y)$ 在 D 内解析

D. 若函数 $f(z)$ 在区域 D 内解析，则 $\mathrm{i}\overline{f(z)}$ 在 D 内也解析

(3) 下列函数中为解析函数的是（　　）；

A. $x^2-y^2-\mathrm{i}2xy$ B. $x^2+\mathrm{i}xy$

C. $2(x-1)y+\mathrm{i}(y^2-x^2+2x)$ D. $x^3+\mathrm{i}y^3$

(4) 函数 $f(z)=z^2\operatorname{Im}z$ 在点 $z=0$ 处的导数（　　）；

A. 等于 0 B. 等于 1

C. 等于 -1 D. 不存在

(5) 若函数 $f(z)=x^2+2xy-y^2+\mathrm{i}(y^2+axy-x^2)$ 在复平面内处处解析，则实常数 $a=$（　　）；

A. 0 B. 1

C. 2 D. -2

(6) 下列数中为实数的是（　　）；

A. $(1-\mathrm{i})^3$ B. $\cos\mathrm{i}$

C. $\operatorname{Ln}\mathrm{i}$ D. $\mathrm{e}^{3-\frac{\pi}{2}\mathrm{i}}$

(7) 下列命题中真命题的个数为（　　）；

① 如果 $f'(z_0)$ 存在，那么函数 $f(z)$ 在点 z_0 处解析．

② 如果 z_0 是函数 $f(z)$ 的奇点，那么 $f'(z_0)$ 不存在．

③ 如果二元实变函数 $u(x,y)$ 和 $v(x,y)$ 的偏导数存在，那么函数 $f(z)=u(x,y)+\mathrm{i}v(x,y)$ 可微．

④ 设函数 $f(z)=u+\mathrm{i}v$ 在区域 D 内解析，如果 u 是实常数，那么 $f(z)$ 在 D 内是常数；如果 v 是实常数，那么 $f(z)$ 在 D 内也是常数．

A. 1 个   B. 2 个
C. 3 个   D. 4 个

(8) 下列关系式中正确的个数为( );

① $\overline{e^z} = e^{\bar z}$.

② $\overline{\cos z} = \cos \bar z$.

③ $\operatorname{Ln} z^2 = 2\operatorname{Ln} z$.

④ $\operatorname{Ln} \sqrt{z} = \dfrac{1}{2}\operatorname{Ln} z$.

A. 1 个   B. 2 个
C. 3 个   D. 4 个

(9) 设 C 为任意实数,则由调和函数 $u = x^2 - y^2$ 所确定的解析函数 $f(z) = u + iv$ 是( ).

A. $iz^2 + C$ B. $iz^2 + iC$
C. $z^2 + C$ D. $z^2 + iC$

3. 试证:函数 $\arg z \, (-\pi < z \leqslant \pi)$ 在除负实轴(包括原点)外的复平面上处处连续.

4. 设函数

$$f(z) = \begin{cases} \dfrac{xy}{x^2 + y^2}, & z \neq 0, \\ 0, & z = 0, \end{cases}$$

试证:$f(z)$ 在原点处不连续.

5. 解方程 $e^{2z} + e^z + 1 = 0$.

6. 指出下列函数的解析性区域,并求其导数:

(1) $f(z) = (z-1)^5$;

(2) $f(z) = z^3 + 2iz$;

(3) $f(z) = \dfrac{1}{z^2 - 1}$;

(4) $f(z) = \dfrac{x+y}{x^2+y^2} + i\dfrac{x-y}{x^2+y^2}$ ($z = x + iy$).

7. 证明:解析函数 $f(z)$ 满足等式

$$\left(\dfrac{\partial}{\partial x}|f(z)|\right)^2 + \left(\dfrac{\partial}{\partial y}|f(z)|\right)^2 = |f'(z)|^2.$$

8. 证明:如果函数 $f(z) = u(x,y) + iv(x,y)$ 在区域 D 内解析,并满足下列条件之一,那么 $f(z)$ 在 D 内是常数.

(1) $f(z)$ 在 D 内恒取实值;

(2) $\overline{f(z)}$ 在 D 内解析;

(3) $|f(z)|$ 在 D 内是常数;

(4) $\arg f(z)$ 在 D 内是常数;

(5) $au(x,y) + bv(x,y) = c$,其中 a,b,c 为不全为零的实常数.

9. 解下列方程:

(1) $\sin z = 0$;

(2) $\cos z = 0$;

(3) $1 + e^z = 0$;

(4) $\sin z + \cos z = 0$.

10. 计算 $\mathrm{Ln}(-3+4\mathrm{i})$, $e^{\frac{1}{4}(1+\mathrm{i}\pi)}$ 和 $(1+\mathrm{i})^{\mathrm{i}}$ 的值.

11. 解方程 $\sin z + \mathrm{i}\cos z = 4\mathrm{i}$.

12. 证明: $u = x^2 - y^2$ 和 $v = \dfrac{y}{x^2+y^2}$ 都是调和函数, 但 $f(z) = u + \mathrm{i}v$ 不是解析函数.

13. 由下列条件求解析函数 $f(z) = u + \mathrm{i}v$:

(1) $u = (x-y)(x^2 + 4xy + y^2)$;

(2) $v = \dfrac{y}{x^2+y^2}, f(2) = 0$.

14. 求函数 $\sqrt{(1-z^2)(1-k^2z^2)}$ ($0 < k < 1$ 为常数) 的支点. 证明: 它在线段

$$-\frac{1}{k} \leqslant x \leqslant -1, \quad 1 \leqslant x \leqslant \frac{1}{k}$$

的外部能分成解析分支, 并求在点 $z = 0$ 处取正值的那个分支.

第三章 复变函数的积分

3.1 复积分的概念及性质

1. 实变量复值函数的导数与积分

如果对于区间$[a,b]$内的任一实数t,有复数$w(t)=u(t)+iv(t)$与之对应,其中$u(t),v(t)$是定义在$[a,b]$上的实变函数,那么称$w(t)$是定义在$[a,b]$上的一个复值函数.

函数$w(t)=u(t)+iv(t)$关于变量t的**导数**为
$$w'(t)=u'(t)+iv'(t).$$
由此定义的导数满足数学分析中导数的大部分运算法则,例如(z_0为复常数):

(1) $[z_0 w(t)]'=z_0 w'(t)$;

(2) $(e^{z_0 t})'=z_0 e^{z_0 t}$.

但是需要注意的是,并不是所有性质都成立,如微分中值定理就不再成立. 也就是说,不一定存在实数$c\in(a,b)$,使得
$$w'(c)=\frac{w(b)-w(a)}{b-a}.$$
例如,考虑函数$w(t)=e^{it}(t\in[0,2\pi])$,则
$$|w'(t)|=|ie^{it}|=1,$$
而
$$w(2\pi)-w(0)=e^{2\pi i}-e^0=0,$$
因此不存在实数$c\in(0,2\pi)$,使得
$$w'(c)=\frac{w(2\pi)-w(0)}{2\pi-0}=0.$$

设函数
$$w(t)=u(t)+iv(t)\quad(a\leqslant t\leqslant b),$$
其中函数$u(t),v(t)$在$[a,b]$上可积,则$w(t)$在$[a,b]$上的定积分为
$$\int_a^b w(t)dt=\int_a^b u(t)dt+i\int_a^b v(t)dt.$$

于是
$$\operatorname{Re}\int_a^b w(t)\mathrm{d}t = \int_a^b \operatorname{Re} w(t)\mathrm{d}t, \quad \operatorname{Im}\int_a^b w(t)\mathrm{d}t = \int_a^b \operatorname{Im} w(t)\mathrm{d}t.$$

由此定义的定积分也满足数学分析中定积分的大部分运算法则,例如:

(1) $\int_a^b w(t)\mathrm{d}t = \int_a^c w(t)\mathrm{d}t + \int_c^b w(t)\mathrm{d}t$;

(2) $\int_a^b w(t)\mathrm{d}t = W(b) - W(a)$,其中 $W'(t) = w(t)$.

但是需要注意的是,并不是所有性质都成立,如积分中值定理就不再成立. 也就是说,不一定存在实数 $c \in (a,b)$,使得
$$\int_a^b w(t)\mathrm{d}t = w(c)(b-a).$$

继续考虑函数 $w(t) = \mathrm{e}^{\mathrm{i}t}\ (t \in [0, 2\pi])$,则
$$\int_0^{2\pi} \mathrm{e}^{\mathrm{i}t}\mathrm{d}t = -\mathrm{i}\mathrm{e}^{\mathrm{i}t}\Big|_0^{2\pi} = 0,$$

而 $\mathrm{e}^{\mathrm{i}t} \neq 0$,因此不存在实数 $c \in (a,b)$,使得
$$w(c)(2\pi - 0) = \int_0^{2\pi} w(t)\mathrm{d}t = 0.$$

例 1 计算积分 $\int_0^1 (1+\mathrm{i}t)^2 \mathrm{d}t$ 的值.

解 由上述积分的定义可得
$$\begin{aligned}\int_0^1 (1+\mathrm{i}t)^2 \mathrm{d}t &= \int_0^1 (1-t^2+2\mathrm{i}t)\mathrm{d}t \\ &= \int_0^1 (1-t^2)\mathrm{d}t + \mathrm{i}\int_0^1 2t\,\mathrm{d}t \\ &= \frac{2}{3} + \mathrm{i}.\end{aligned}$$

2. 复变函数的积分

设在复平面上有一条连接点 z_0 及点 Z 的有向简单曲线 C(本章中的曲线均为光滑或逐段光滑曲线),函数 $f(z) = u(x,y) + \mathrm{i}v(x,y)$ 在 C 上有定义. 顺着点 z_0 到点 Z 的方向依次用分点 $z_0, z_1, z_2, \cdots, z_{n-1}, z_n = Z$ 把曲线 C 分成 n 段弧,设 $z_k = x_k + \mathrm{i}y_k\ (k = 0, 1, 2, \cdots, n)$(见图 3-1).

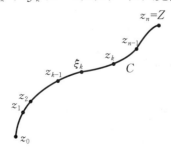

图 3-1

取弧段 $z_{k-1}z_k$ 上任一点 $\xi_k=\zeta_k+\mathrm{i}\eta_k(k=1,2,\cdots,n)$，作和式

$$S_n=\sum_{k=1}^n f(\xi_k)\Delta z_k, \tag{3.1}$$

其中 $\Delta z_k=z_k-z_{k-1}$. 当分点无限增多且这些弧段长度中的最大值趋于零时，如果和式 S_n 的极限存在且等于 A，那么称函数 $f(z)$ 沿曲线 C **可积**，称 A 为 $f(z)$ 沿曲线 C 的**积分**，记作

$$\int_C f(z)\mathrm{d}z=A,$$

其中 C 称为**积分路径**，积分式

$$\int_C f(z)\mathrm{d}z$$

表示 $f(z)$ 沿曲线 C 的**正方向**（从点 z_0 到点 Z）的积分，而积分式

$$\int_{C^-} f(z)\mathrm{d}z$$

则表示 $f(z)$ 沿曲线 C 的**负方向**（从点 Z 到点 z_0）的积分.

注 如果积分 $\int_C f(z)\mathrm{d}z$ 存在，我们一般不能把它写成 $\int_{z_0}^Z f(z)\mathrm{d}z$ 的形式，因为 $\int_C f(z)\mathrm{d}z$ 的值不仅和点 z_0,Z 有关，还和积分路径 C 有关.

和式(3.1)又可写成

$$\sum_{k=1}^n f(\xi_k)(z_k-z_{k-1})$$

$$=\sum_{k=1}^n[u(\zeta_k,\eta_k)+\mathrm{i}v(\zeta_k,\eta_k)][(x_k-x_{k-1})+\mathrm{i}(y_k-y_{k-1})]$$

$$=\sum_{k=1}^n u(\zeta_k,\eta_k)(x_k-x_{k-1})-\sum_{k=1}^n v(\zeta_k,\eta_k)(y_k-y_{k-1})$$

$$+\mathrm{i}\left[\sum_{k=1}^n v(\zeta_k,\eta_k)(x_k-x_{k-1})+\sum_{k=1}^n u(\zeta_k,\eta_k)(y_k-y_{k-1})\right].$$

上式两端取极限后，右端的实部和虚部对应的两个和式正好是两个曲线积分的和. 如果函数 $f(z)=u(x,y)+\mathrm{i}v(x,y)$ 沿线 C 连续，则其实部 $u(x,y)$ 和虚部 $v(x,y)$ 均沿曲线 C 连续，那么这两个曲线积分都是存在的. 因此有

$$\int_C f(z)\mathrm{d}z=\int_C (u\mathrm{d}x-v\mathrm{d}y)+\mathrm{i}\int_C (v\mathrm{d}x+u\mathrm{d}y).$$

我们实际上已经证明了下述定理.

定理 3.1.1 若函数 $f(z)=u(x,y)+\mathrm{i}v(x,y)$ **沿曲线 C 连续**，则 $f(z)$ **沿 C 可积**，且

$$\int_C f(z)\mathrm{d}z=\int_C (u\mathrm{d}x-v\mathrm{d}y)+\mathrm{i}\int_C (v\mathrm{d}x+u\mathrm{d}y). \tag{3.2}$$

定理 3.1.1 说明，复变函数积分的计算可以转化为其实部、虚部两个二元实变函数的曲线积分问题.

因为
$$f(z)\mathrm{d}z = (u+\mathrm{i}v)(\mathrm{d}x+\mathrm{i}\mathrm{d}y)$$
$$= u\mathrm{d}x - v\mathrm{d}y + \mathrm{i}(v\mathrm{d}x + u\mathrm{d}y),$$

所以为了便于记忆,式(3.2)在形式上可以看成函数 $f(z)$ 与微分 $\mathrm{d}z$ 的乘积.

不难验证,对复变函数的积分,我们有下列基本性质.

(1) $\int_C af(z)\mathrm{d}z = a\int_C f(z)\mathrm{d}z$,$a$ 为任意复常数;

(2) $\int_C [f(z) \pm g(z)]\mathrm{d}z = \int_C f(z)\mathrm{d}z \pm \int_C g(z)\mathrm{d}z$;

(3) $\int_C f(z)\mathrm{d}z = \int_{C_1} f(z)\mathrm{d}z + \int_{C_2} f(z)\mathrm{d}z$,其中曲线 C 由曲线 C_1 和 C_2 首尾衔接而成;

(4) $\int_{C^-} f(z)\mathrm{d}z = -\int_C f(z)\mathrm{d}z$;

(5) $\left|\int_C f(z)\mathrm{d}z\right| \leqslant \int_C |f(z)|\mathrm{d}s$,其中 $\mathrm{d}s = |\mathrm{d}z| = \sqrt{(\mathrm{d}x)^2 + (\mathrm{d}y)^2}$ 表示弧长的微分.

接下来我们证明一个非常有用的结论.

例 2 设 L 是一个以点 a 为圆心、r 为半径的圆周,n 为整数. 证明:
$$\oint_L \frac{1}{(z-a)^n}\mathrm{d}z = \begin{cases} 2\pi\mathrm{i}, & n=1, \\ 0, & n \neq 1. \end{cases}$$

证明 设圆周的参数方程为
$$z = r\mathrm{e}^{\mathrm{i}\theta} + a, \quad 0 \leqslant \theta \leqslant 2\pi.$$

当 $n=1$ 时,有
$$\oint_L \frac{1}{z-a}\mathrm{d}z = \int_0^{2\pi} \frac{1}{r\mathrm{e}^{\mathrm{i}\theta}} r\mathrm{i}\mathrm{e}^{\mathrm{i}\theta}\mathrm{d}\theta$$
$$= \mathrm{i}\int_0^{2\pi} \mathrm{d}\theta = 2\pi\mathrm{i};$$

当 $n \neq 1$ 时,有
$$\oint_L \frac{1}{(z-a)^n}\mathrm{d}z = \int_0^{2\pi} \frac{1}{r^n \mathrm{e}^{\mathrm{i}n\theta}} r\mathrm{i}\mathrm{e}^{\mathrm{i}\theta}\mathrm{d}\theta$$
$$= \mathrm{i}\int_0^{2\pi} r^{1-n} \mathrm{e}^{\mathrm{i}(1-n)\theta}\mathrm{d}\theta$$
$$= \frac{r^{1-n}}{1-n} \mathrm{e}^{\mathrm{i}(1-n)\theta}\bigg|_0^{2\pi} = 0.$$

综上可得
$$\oint_L \frac{1}{(z-a)^n}\mathrm{d}z = \begin{cases} 2\pi\mathrm{i}, & n=1, \\ 0, & n \neq 1. \end{cases}$$

例 3 计算积分 $\int_C (z-1)dz$,其中曲线 C 分别沿下列积分路径连接点 0 到 2:

(1) 沿下半圆周 $z = 1 + e^{i\theta}, \pi \leqslant \theta \leqslant 2\pi$;

(2) 沿线段 $z = x, 0 \leqslant x \leqslant 2$.

解 (1) $\int_C (z-1)dz = \int_\pi^{2\pi} e^{i\theta} i e^{i\theta} d\theta = i \cdot \frac{1}{2i} e^{2i\theta} \Big|_\pi^{2\pi} = 0$.

(2) $\int_C (z-1)dz = \int_0^2 (x-1)dx = \frac{1}{2}(x-1)^2 \Big|_0^2 = 0$.

注 在例 3 中,函数 $f(z) = z - 1$ 沿连接点 0 到 2 的两条不同路径的积分值相等. 请读者思考:对函数 $f(z) = z - 1$ 来说,这是巧合还是必然?

例 4 计算积分 $\int_C |z| dz$,其中曲线 C 分别沿下列积分路径连接点 $-i$ 到 i:

(1) 沿线段 $z = iy, -1 \leqslant y \leqslant 1$;

(2) 沿右半圆周 $z = e^{i\theta}, -\frac{\pi}{2} \leqslant \theta \leqslant \frac{\pi}{2}$.

解 (1) $\int_C |z| dz = \int_{-1}^{1} i|y| dy = i$.

(2) $\int_C |z| dz = \int_{-\frac{\pi}{2}}^{\frac{\pi}{2}} i e^{i\theta} d\theta = e^{i\theta} \Big|_{-\frac{\pi}{2}}^{\frac{\pi}{2}} = 2i$.

3.2 柯西积分定理

由本章 3.1 节的例 3 和例 4 可知,同一复变函数沿不同积分路径的积分值可能相等也可能不相等. 接下来,我们将研究复变函数的积分值在什么条件下与积分路径无关,也就是说,积分值何时只依赖于被积函数及积分路径的起始点.

1. 原函数

设函数 $f(z)$ 在区域 D 内连续. 如果存在 D 内的解析函数 $F(z)$ 满足
$$F'(z) = f(z) \quad (z \in D),$$
则称 $F(z)$ 为 $f(z)$ 的一个**不定积分**或**原函数**. 由定理 2.2.3 可知,函数 $f(z)$ 的任意两个原函数之间只相差一个常数.

定理 3.2.1 设函数 $f(z)$ 在区域 D 内连续,则下列三个结论是等价的:

(1) $f(z)$ 在区域 D 内存在原函数 $F(z)$;

(2) 在区域 D 内,$f(z)$ 沿连接 z_1, z_2 两点的任意简单曲线 C 的积分值都相等,且

$$\int_C f(z)\mathrm{d}z = \int_{z_1}^{z_2} f(z)\mathrm{d}z = F(z)\Big|_{z_1}^{z_2} = F(z_2) - F(z_1);$$

(3) 对于区域 D 内的任意简单闭曲线 C，有

$$\oint_C f(z)\mathrm{d}z = 0.$$

证明 我们将按 $(1)\Rightarrow(2)\Rightarrow(3)\Rightarrow(1)$ 的顺序来证明该定理.

$(1)\Rightarrow(2)$.

已知函数 $f(z)$ 在区域 D 内存在原函数 $F(z)$，在 D 内任作一条连接 z_1，z_2 两点的简单光滑曲线 C，设其参数方程为 $z = z(t)(\alpha \leqslant t \leqslant \beta)$. 由于

$$\frac{\mathrm{d}}{\mathrm{d}t} F[z(t)] = F'[z(t)]z'(t) = f[z(t)]z'(t),$$

因此

$$\int_C f(z)\mathrm{d}z = \int_\alpha^\beta f[z(t)]z'(t)\mathrm{d}t = F[z(t)]\Big|_\alpha^\beta = F(z_2) - F(z_1).$$

若 C 是简单逐段光滑曲线且

$$C = \bigcup_k C_k \quad (k = 1, 2, \cdots, n),$$

其中 C_k 表示连接点 a_k, a_{k+1} 的简单光滑曲线，并取 $a_1 = z_1, a_{n+1} = z_2$，则利用积分的性质可得

$$\int_C f(z)\mathrm{d}z = \sum_{k=1}^n \int_{C_k} f(z)\mathrm{d}z$$

$$= \sum_{k=1}^n \int_{a_k}^{a_{k+1}} f(z)\mathrm{d}z$$

$$= \sum_{k=1}^n [F(a_{k+1}) - F(a_k)]$$

$$= F(z_2) - F(z_1).$$

$(2)\Rightarrow(3)$.

设 C 是区域 D 内的任意一条简单闭曲线，任取 C 上不同的两点 z_1, z_2，可将 C 分成两条以 z_1 为起点、z_2 为终点的简单曲线 C_1 和 C_2（见图 3-2），于是 $C = C_1 \bigcup C_2^-$ 且

$$\int_{C_1} f(z)\mathrm{d}z = \int_{C_2} f(z)\mathrm{d}z,$$

从而

$$\oint_C f(z)\mathrm{d}z = \int_{C_1} f(z)\mathrm{d}z + \int_{C_2^-} f(z)\mathrm{d}z$$

$$= \int_{C_1} f(z)\mathrm{d}z - \int_{C_2} f(z)\mathrm{d}z = 0.$$

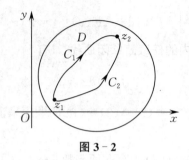

图 3-2

(3)⇒(1).

由(2)⇒(3)的证明过程易知,此时积分与积分路径无关.

在区域 D 内任意取定一点 z_0,则对 D 内的任意点 z,作函数

$$F(z) = \int_{z_0}^{z} f(\zeta)\mathrm{d}\zeta.$$

下证所作函数 $F(z)$ 是 $f(z)$ 的一个原函数,即 $F'(z) = f(z)$.

设 $z + \Delta z \in D$,考虑

$$\frac{F(z+\Delta z) - F(z)}{\Delta z} - f(z)$$

当 $\Delta z \to 0 (\Delta z \neq 0)$ 时的极限. 由于积分与积分路径无关,因此有

$$\frac{F(z+\Delta z) - F(z)}{\Delta z} - f(z)$$

$$= \frac{\int_{z_0}^{z+\Delta z} f(\zeta)\mathrm{d}\zeta - \int_{z_0}^{z} f(\zeta)\mathrm{d}\zeta}{\Delta z} - f(z)$$

$$= \frac{\int_{z_0}^{z} f(\zeta)\mathrm{d}\zeta + \int_{z}^{z+\Delta z} f(\zeta)\mathrm{d}\zeta - \int_{z_0}^{z} f(\zeta)\mathrm{d}\zeta}{\Delta z} - f(z)$$

$$= \frac{1}{\Delta z} \int_{z}^{z+\Delta z} f(\zeta)\mathrm{d}\zeta - f(z)$$

$$= \frac{1}{\Delta z} \int_{z}^{z+\Delta z} [f(\zeta) - f(z)]\mathrm{d}\zeta.$$

因为函数 $f(z)$ 在区域 D 内连续,所以对任意小的正数 ε,存在 $\delta > 0$,当 $|\zeta - z| < \delta$ 时,有

$$|f(\zeta) - f(z)| < \varepsilon$$

成立. 于是

$$\left| \frac{F(z+\Delta z) - F(z)}{\Delta z} - f(z) \right| \leqslant \frac{1}{|\Delta z|} \varepsilon |\Delta z| = \varepsilon,$$

因此

$$\lim_{\Delta z \to 0} \frac{F(z+\Delta z) - F(z)}{\Delta z} = f(z),$$

即 $F'(z) = f(z)$.

例 1 计算积分 $\int_C z^2 \mathrm{d}z$，其中积分路径 C 为任意一条连接点 0 到 $1+\mathrm{i}$ 的简单曲线.

解 由于函数 $f(z)=z^2$ 在复平面上连续，且 $\left(\dfrac{z^3}{3}\right)'=z^2$，因此由定理 3.2.1 可得

$$\int_C z^2 \mathrm{d}z = \int_0^{1+\mathrm{i}} z^2 \mathrm{d}z = \left.\dfrac{z^3}{3}\right|_0^{1+\mathrm{i}}$$
$$= \dfrac{1}{3}(1+\mathrm{i})^3 = \dfrac{2}{3}(-1+\mathrm{i}).$$

例 2 证明：$\oint_C \dfrac{1}{z^2} \mathrm{d}z = 0$，其中积分路径 C 为任意一条不过原点的圆周.

证明 函数 $f(z)=\dfrac{1}{z^2}$ 在复平面上除原点外均连续，且当 $|z|>0$ 时，有 $\left(-\dfrac{1}{z}\right)' = \dfrac{1}{z^2}$ 成立，因此由定理 3.2.1 可得，对任意一条不过原点的圆周 C，均有

$$\oint_C \dfrac{1}{z^2} \mathrm{d}z = 0.$$

例 3 计算积分 $\int_C \dfrac{1}{z} \mathrm{d}z$，其中 C 为区域 $\mathbf{C}\setminus(-\infty,0]$ 内任意一条连接点 $-2\mathrm{i}$ 到 $2\mathrm{i}$ 的简单曲线.

解 取对数函数的主值分支
$$\ln z = \ln|z| + \mathrm{i}\arg z \quad (-\pi < \arg z \leqslant \pi).$$
由于函数 $f(z)=\dfrac{1}{z}$ 在区域 $\mathbf{C}\setminus(-\infty,0]$ 内连续，且在该区域内有 $(\ln z)' = \dfrac{1}{z}$ 成立，因此由定理 3.2.1 可得

$$\int_C \dfrac{1}{z} \mathrm{d}z = \int_{-2\mathrm{i}}^{2\mathrm{i}} \dfrac{1}{z} \mathrm{d}z = \left.\ln z\right|_{-2\mathrm{i}}^{2\mathrm{i}}$$
$$= \left(\ln 2 + \mathrm{i}\dfrac{\pi}{2}\right) - \left(\ln 2 - \mathrm{i}\dfrac{\pi}{2}\right) = \pi\mathrm{i}.$$

2. 柯西积分定理

由定理 3.2.1 可知，积分与积分路径是否有关的问题，实质上就是函数沿任意简单闭曲线的积分是否为零的问题. 1825 年，柯西给出了下述定理，从而回答了这个问题，它是研究复变函数的钥匙，常称为**柯西积分定理**或**柯西-古萨定理**.

定理 3.2.2 设函数 $f(z)$ 在简单闭曲线 C 上及其内部解析，则

$$\oint_C f(z)\mathrm{d}z = 0.$$

该定理的证明比较复杂,黎曼给出了一个较简单的证明方法,不过该方法需要附加"导数 $f'(z)$ 在 C 的内部连续"这个条件才成立.

黎曼证明 设
$$z = x + \mathrm{i}y, \quad f(z) = u(x,y) + \mathrm{i}v(x,y),$$
则
$$\oint_C f(z)\mathrm{d}z = \oint_C (u\mathrm{d}x - v\mathrm{d}y) + \mathrm{i}\oint_C (v\mathrm{d}x + u\mathrm{d}y).$$

而由导数 $f'(z)$ 在 C 的内部连续,可得函数 $f(z)$ 的实部和虚部关于各变量的一阶偏导数 u_x, u_y, v_x, v_y 连续,且满足柯西-黎曼方程 $u_x = v_y$, $u_y = -v_x$. 故由数学分析中的格林公式得
$$\oint_C (u\mathrm{d}x - v\mathrm{d}y) = 0, \quad \oint_C (v\mathrm{d}x + u\mathrm{d}y) = 0,$$
从而
$$\oint_C f(z)\mathrm{d}z = 0.$$

1900 年,古萨发表了上述定理的新的证明方法,不用再将函数 $f(z)$ 分成实部与虚部,更重要的是删去了导数 $f'(z)$ 的连续性假设.

为了证明柯西积分定理,我们先引入一个引理.

引理 3.2.1 设函数 $f(z)$ 在由正向生成的简单闭曲线 C 和其内部组成的闭区域 D 内解析,则 $\forall \varepsilon > 0$,D 可以被有限多个正方形或残缺正方形所覆盖(不妨设为 n 个),且每个正方形或残缺正方形中存在一点 $z_j (j = 1, 2, \cdots, n)$,满足

$$\left| \frac{f(z) - f(z_j)}{z - z_j} - f'(z_j) \right| < \varepsilon \quad (z \neq z_j), \tag{3.3}$$

其中点 z 与 z_j 在同一个正方形或残缺正方形内.

证明 用反证法.

假设在这个覆盖中,某个正方形或残缺正方形中不存在满足式(3.3)的点 z_j,把这个正方形(若是残缺正方形,则先补全成正方形)记作 σ_0. 然后把 σ_0 平均分成 4 个小正方形,则至少存在一个包含在 D 内的小正方形不存在满足式(3.3)的点 z_j,把这个小正方形记作 σ_1(见图 3-3). 接着对 σ_1 重复上述操作. 以此类推,我们可以得到无穷多个小正方形,它们满足 $\sigma_0 \supset \sigma_1 \supset \sigma_2 \supset \cdots \supset \sigma_k \supset \cdots$. 于是,在闭区域 D 内存在聚点

$$z_0 \in \sigma_k \quad (k = 0, 1, 2, \cdots).$$

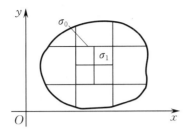

图 3-3

由题设,函数 $f(z)$ 在闭区域 D 内解析,因此 $f'(z_0)$ 存在. 由导数的定义知, $\forall \varepsilon > 0, \exists \delta > 0$,当 $|z - z_0| < \delta$ 时,有

$$\left| \frac{f(z) - f(z_0)}{z - z_0} - f'(z_0) \right| < \varepsilon \quad (z \neq z_0)$$

成立. 这与正方形 σ_k 的构造过程矛盾,因此假设不成立,从而引理 3.2.1 得证.

下面我们来证明柯西积分定理.

对任意正数 ε,把满足引理 3.2.1 的覆盖中的第 $j(j=1,2,\cdots,n)$ 个正方形或残缺正方形区域记作 $\square_j$,以它为定义域作函数

$$\delta_j(z) = \frac{f(z) - f(z_j)}{z - z_j} - f'(z_j), \tag{3.4}$$

并定义 $\delta_j(z_j) = 0$,其中 z_j 为满足式(3.3)的点. 易知对任意复数 $z \in \square_j$,均有 $|\delta_j(z)| < \varepsilon$,且函数 $\delta_j(z)$ 在区域 $\square_j$ 内连续.

把区域 $\square_j$ 的正向边界记作 C_j,则对任意复数 $z \in C_j$,由式(3.4)可得

$$f(z) = f(z_j) + \delta_j(z)(z - z_j) + f'(z_j)(z - z_j),$$

从而

$$\oint_{C_j} f(z) \mathrm{d}z = [f(z_j) - z_j f'(z_j)] \oint_{C_j} \mathrm{d}z + f'(z_j) \oint_{C_j} z \mathrm{d}z$$

$$+ \oint_{C_j} \delta_j(z)(z - z_j) \mathrm{d}z. \tag{3.5}$$

由定理 3.2.1 可得

$$\oint_{C_j} \mathrm{d}z = 0, \quad \oint_{C_j} z \mathrm{d}z = 0,$$

因此式(3.5)可化为

$$\oint_{C_j} f(z) \mathrm{d}z = \oint_{C_j} \delta_j(z)(z - z_j) \mathrm{d}z \quad (j = 1, 2, \cdots, n). \tag{3.6}$$

对上式两端关于 j 求和,由于上式左端的积分在求和过程中相邻两个正方形沿着同一边界上的积分反向相消,只剩下沿着曲线 C 的那部分积分被保留(见图 3-4),因此有

$$\oint_C f(z) \mathrm{d}z = \sum_{j=1}^n \oint_{C_j} \delta_j(z)(z - z_j) \mathrm{d}z,$$

从而

$$\left|\oint_C f(z)\mathrm{d}z\right| \leqslant \sum_{j=1}^n \left|\oint_{C_j} \delta_j(z)(z-z_j)\mathrm{d}z\right|.$$

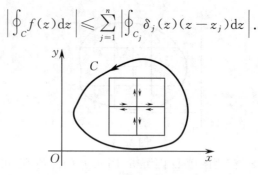

图 3-4

设 s_j 为 $\square_j$ 的边长. 若 C_j 是正方形的边界,则其长度为 $4s_j$,又 $|z-z_j| \leqslant \sqrt{2}s_j$, $|\delta_j(z)| < \varepsilon$,则有

$$\left|\oint_{C_j} \delta_j(z)(z-z_j)\mathrm{d}z\right| \leqslant \varepsilon\sqrt{2}s_j \cdot 4s_j = 4\sqrt{2}s_j^2\varepsilon. \tag{3.7}$$

若 C_j 是残缺正方形的边界,则其长度不会超过 $4s_j + L_j$,其中 L_j 为残缺正方形边界在曲线 C 上那部分的长度,从而有

$$\left|\oint_{C_j} \delta_j(z)(z-z_j)\mathrm{d}z\right| \leqslant \varepsilon\sqrt{2}s_j(4s_j + L_j) = 4\sqrt{2}s_j^2\varepsilon + \sqrt{2}s_jL_j\varepsilon. \tag{3.8}$$

综上,总有式(3.8)成立.

设 S 为某个包含整个闭区域 D 的正方形的边长,L 为闭曲线 C 的长度. 对式(3.8)两端关于 j 求和,并由不等式 $\sum_{j=1}^n s_j^2 \leqslant S^2$, $s_j \leqslant S$ 可得

$$\left|\oint_C f(z)\mathrm{d}z\right| \leqslant (4\sqrt{2}S^2 + \sqrt{2}SL)\varepsilon.$$

由 ε 的任意性及上式左端与 ε 无关可得,左端的积分必为零,从而柯西积分定理得证.

由柯西积分定理不难得到以下定理.

定理 3.2.3 设函数 $f(z)$ 在单连通区域 D 内解析,则对 D 内任意一条简单闭曲线 C,都有

$$\oint_C f(z)\mathrm{d}z = 0.$$

上述定理结合定理 3.2.1 可得如下推论.

推论 1 在单连通区域 D 内解析的函数在 D 内处处存在原函数.

例 4 设 C 是开圆盘 $|z| < 2$ 内任一闭曲线,则

$$\oint_C \frac{z\mathrm{e}^z}{(z^2+9)^5}\mathrm{d}z = 0.$$

这是因为被积函数 $f(z)=\dfrac{z\mathrm{e}^z}{(z^2+9)^5}$ 除点 $z=\pm 3\mathrm{i}$ 外处处解析,开圆盘 $|z|<2$ 是一个单连通区域,而点 $z=\pm 3\mathrm{i}$ 在开圆盘 $|z|<2$ 外面,即被积函数 $f(z)$ 在单连通区域 $|z|<2$ 内解析,所以对 D 内的任一闭曲线 C,都有

$$\oint_C f(z)\mathrm{d}z=0.$$

3. 柯西积分定理在多连通区域上的推广

下面我们把柯西积分定理推广到以多条简单闭曲线组成的"复周线"为边界的有界多连通区域情形.

设有 $n+1$ 条简单闭曲线 $C_0,C_1,C_2,\cdots,C_n$,其中 $C_1,C_2,\cdots,C_n$ 中的每一条曲线都在其余各条曲线的外部,且所有这些曲线都在 C_0 的内部. 在 C_0 的内部同时又在 $C_1,C_2,\cdots,C_n$ 外部的点集构成一个有界多连通区域 D,D 的边界

$$C=C_0+C_1^-+C_2^-+\cdots+C_n^-$$

称为一条**复周线**,D 及其边界 C 构成一个闭区域 $\overline{D}$,即 $\overline{D}=D+C$. 复周线 C 的正向规定为:C_0 按逆时针方向,$C_1,C_2,\cdots,C_n$ 按顺时针方向. 换句话说,如果我们沿复周线 C 的正向绕行,那么区域 D 内的点始终在左边(见图 3-5).

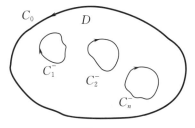

图 3-5

定理 3.2.4 设 D 是由复周线 $C=C_0+C_1^-+C_2^-+\cdots+C_n^-$ 所围成的有界多连通区域,函数 $f(z)$ 在 D 内解析,且在闭区域 $\overline{D}=D+C$ 上连续,则

$$\oint_C f(z)\mathrm{d}z=\oint_{C_0} f(z)\mathrm{d}z+\sum_{i=1}^n\oint_{C_i^-} f(z)\mathrm{d}z=0,$$

或写成

$$\oint_{C_0} f(z)\mathrm{d}z=\sum_{i=1}^n\oint_{C_i} f(z)\mathrm{d}z.$$

证明 取 $n+1$ 条互不相交且全在区域 D 内(端点除外)的光滑弧 L_0,$L_1,L_2,\cdots,L_n$ 作为割线,用它们依次与曲线 $C_0,C_1,C_2,\cdots,C_n$ 连接. 设想将区域 D 沿割线割破,于是 D 被分成两个单连通区域,其边界各是一条简单闭曲线,分别记为 P_1 和 P_2(见图 3-6).

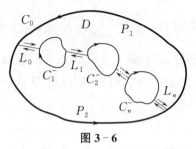

图 3-6

由定理 3.2.3 可得

$$\oint_{P_1} f(z)\mathrm{d}z = 0, \quad \oint_{P_2} f(z)\mathrm{d}z = 0.$$

将这两个等式相加,并注意到沿 $L_0, L_1, L_2, \cdots, L_n$ 的积分各从相反的方向取了一次,且在相加的过程中互相抵消,于是由复积分的基本性质可得

$$\oint_C f(z)\mathrm{d}z = 0.$$

由定理 3.2.4 易得以下推论.

推论 2 设 C_1, C_2 是两条简单闭曲线,其中 C_1 在 C_2 的内部(见图 3-7). 如果函数 $f(z)$ 在由曲线 C_1, C_2 所围成的闭区域内解析,那么

$$\oint_{C_1} f(z)\mathrm{d}z = \oint_{C_2} f(z)\mathrm{d}z.$$

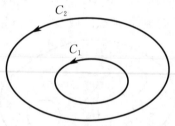

图 3-7

由推论 2 可知,解析函数沿简单闭曲线的积分,不因闭曲线在区域内的连续变形而改变它的值,因此该推论又称为**闭路变形原理**. 需要注意的是,在变形过程中闭曲线不经过被积函数的奇点.

例 5 设 C 是任一围绕原点的简单闭曲线,则由推论 2 及 3.1 节例 2 的结论可得

$$\oint_C \frac{1}{z}\mathrm{d}z = 2\pi\mathrm{i}.$$

例 6 设 C 为包含单位圆周 $|z|=1$ 的任一简单闭曲线,计算积分

$$\oint_C \frac{2z-1}{z^2-z}\mathrm{d}z.$$

解 易知被积函数 $\dfrac{2z-1}{z^2-z}$ 在复平面内只有两个奇点 $z=0$ 和 $z=1$,且均包含在闭曲线 C 内,因此在 C 内可以作两个互不包含也互不相交的圆周

C_1 和 C_2,其中 C_1 只包含奇点 $z=0$,C_2 只包含奇点 $z=1$(见图 3-8).

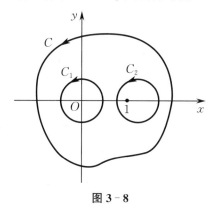

图 3-8

于是,函数

$$\frac{2z-1}{z^2-z} = \frac{1}{z} + \frac{1}{z-1}$$

在由复周线 $C = C_1^- + C_2^-$ 所围成的有界多连通区域内解析,由定理 3.2.4 可得

$$\oint_C \frac{2z-1}{z^2-z} \mathrm{d}z = \oint_{C_1} \frac{2z-1}{z^2-z} \mathrm{d}z + \oint_{C_2} \frac{2z-1}{z^2-z} \mathrm{d}z$$

$$= \oint_{C_1} \frac{1}{z} \mathrm{d}z + \oint_{C_1} \frac{1}{z-1} \mathrm{d}z + \oint_{C_2} \frac{1}{z} \mathrm{d}z + \oint_{C_2} \frac{1}{z-1} \mathrm{d}z.$$

又因为函数 $\frac{1}{z}$ 在圆周 C_2 上及其内部解析,函数 $\frac{1}{z-1}$ 在圆周 C_1 上及其内部解析,所以由柯西积分定理可得

$$\oint_{C_2} \frac{1}{z} \mathrm{d}z = 0, \quad \oint_{C_1} \frac{1}{z-1} \mathrm{d}z = 0.$$

再仿照例 5 可得

$$\oint_C \frac{2z-1}{z^2-z} \mathrm{d}z = \oint_{C_1} \frac{1}{z} \mathrm{d}z + \oint_{C_2} \frac{1}{z-1} \mathrm{d}z = 2\pi\mathrm{i} + 2\pi\mathrm{i} = 4\pi\mathrm{i}.$$

3.3 柯西积分公式及其推广

本节我们将给出解析函数的一个对于复变函数理论本身及其应用都非常重要的性质:解析函数在区域内任一点处的值都可用其边界上的值来表示.

1. 柯西积分公式

定理 3.3.1 设 D 是以简单闭曲线(或复周线)C 为边界的区域,函数 $f(z)$ 在 D 内解析,且在 $\overline{D} = D + C$ 上连续,则有

$$f(z) = \frac{1}{2\pi i} \oint_C \frac{f(\zeta)}{\zeta - z} d\zeta \quad (z \in D). \tag{3.9}$$

式(3.9)称为**柯西积分公式**,式子的右端称为**柯西积分**. 柯西积分公式是解析函数的积分表达式,是今后研究解析函数各种局部性质的重要工具.

证明 在区域 D 内任取一点 z,以点 z 为圆心、充分小的正数 ρ 为半径作圆周 $C_\rho \subset D$. 对函数 $F(\zeta) = \dfrac{f(\zeta)}{\zeta - z}$ 及复周线 $\Gamma = C_\rho^- + C$,运用定理 3.2.4 可得

$$\oint_C \frac{f(\zeta)}{\zeta - z} d\zeta = \oint_{C_\rho} \frac{f(\zeta)}{\zeta - z} d\zeta.$$

由上式及 ρ 的任意性,要证明式(3.9),我们只须证明

$$2\pi i f(z) = \lim_{\rho \to 0} \oint_{C_\rho} \frac{f(\zeta)}{\zeta - z} d\zeta \tag{3.10}$$

成立即可.

由函数 $f(z)$ 的连续性条件可得,$\forall \varepsilon > 0, \exists \delta > 0$,当 $|\zeta - z| = \rho < \delta$ 时,有

$$|f(\zeta) - f(z)| < \frac{\varepsilon}{2\pi}$$

成立. 结合 3.1 节中例 2 的结论,可得

$$\left| 2\pi i f(z) - \oint_{C_\rho} \frac{f(\zeta)}{\zeta - z} d\zeta \right| = \left| \oint_{C_\rho} \frac{f(z)}{\zeta - z} d\zeta - \oint_{C_\rho} \frac{f(\zeta)}{\zeta - z} d\zeta \right|$$

$$= \left| \oint_{C_\rho} \frac{f(z) - f(\zeta)}{\zeta - z} d\zeta \right|$$

$$< \frac{\varepsilon}{2\pi} \cdot \frac{1}{\rho} \cdot 2\pi \rho = \varepsilon,$$

从而定理 3.3.1 得证.

柯西积分公式也可以改写成

$$\oint_C \frac{f(\zeta)}{\zeta - z} d\zeta = 2\pi i f(z) \quad (z \in D). \tag{3.11}$$

我们可以用上式来计算某些函数的积分.

例 1 计算积分

$$\oint_C \frac{\zeta}{(9 - \zeta^2)(\zeta + i)} d\zeta,$$

其中 C 为圆周 $|\zeta| = 2$.

解 因为被积函数 $\dfrac{\zeta}{(9 - \zeta^2)(\zeta + i)}$ 在圆周 C 内只有一个不解析点 $-i$,所以我们把原积分改写成

$$\oint_C \frac{\dfrac{\zeta}{9 - \zeta^2}}{\zeta - (-i)} d\zeta,$$

则函数 $f(\zeta) = \dfrac{\zeta}{9-\zeta^2}$ 满足定理 3.3.1 的条件. 利用式(3.11), 即得原积分为

$$\oint_C \frac{\zeta}{(9-\zeta^2)(\zeta+\mathrm{i})} \mathrm{d}\zeta = 2\pi\mathrm{i} f(-\mathrm{i}) = \frac{\pi}{5}.$$

定理 3.3.2（解析函数的平均值定理） 设函数 $f(z)$ 在区域 $|\zeta - z_0| < R$ 内解析, 在闭区域 $|\zeta - z_0| \leqslant R$ 上连续, 则

$$f(z_0) = \frac{1}{2\pi} \int_0^{2\pi} f(z_0 + R\mathrm{e}^{\mathrm{i}\theta}) \mathrm{d}\theta,$$

即 $f(z)$ 在圆心 z_0 的值等于它在圆周上的值的平均数.

证明 圆周 $C: |\zeta - z_0| = R$ 的参数方程为 $\zeta = z_0 + R\mathrm{e}^{\mathrm{i}\theta}$ $(0 \leqslant \theta \leqslant 2\pi)$, 由柯西积分公式可得

$$\begin{aligned}
f(z_0) &= \frac{1}{2\pi\mathrm{i}} \oint_C \frac{f(\zeta)}{\zeta - z_0} \mathrm{d}\zeta \\
&= \frac{1}{2\pi\mathrm{i}} \int_0^{2\pi} \frac{f(z_0 + R\mathrm{e}^{\mathrm{i}\theta})}{R\mathrm{e}^{\mathrm{i}\theta}} \mathrm{i} R\mathrm{e}^{\mathrm{i}\theta} \mathrm{d}\theta \\
&= \frac{1}{2\pi} \int_0^{2\pi} f(z_0 + R\mathrm{e}^{\mathrm{i}\theta}) \mathrm{d}\theta.
\end{aligned}$$

2. 柯西积分公式的推广

定理 3.3.3 设 D 是以简单闭曲线（或复周线）C 为边界的区域, 函数 $f(z)$ 在 D 内解析, 且在 $\overline{D} = D + C$ 上连续, 则 $f(z)$ 在 D 内有各阶导数, 并且

$$f^{(n)}(z) = \frac{n!}{2\pi\mathrm{i}} \oint_C \frac{f(\zeta)}{(\zeta - z)^{n+1}} \mathrm{d}\zeta \quad (z \in D; n = 1, 2, \cdots). \tag{3.12}$$

证明 用数学归纳法.

(1) 当 $n = 1$ 时, 因为

$$\begin{aligned}
\frac{f(z + \Delta z) - f(z)}{\Delta z} &= \frac{1}{\Delta z}\left[\frac{1}{2\pi\mathrm{i}} \oint_C \frac{f(\zeta)}{\zeta - z - \Delta z} \mathrm{d}\zeta - \frac{1}{2\pi\mathrm{i}} \oint_C \frac{f(\zeta)}{\zeta - z} \mathrm{d}\zeta\right] \\
&= \frac{1}{2\pi\mathrm{i}} \oint_C \frac{f(\zeta)}{(\zeta - z - \Delta z)(\zeta - z)} \mathrm{d}\zeta,
\end{aligned}$$

所以

$$\begin{aligned}
&\frac{f(z + \Delta z) - f(z)}{\Delta z} - \frac{1}{2\pi\mathrm{i}} \oint_C \frac{f(\zeta)}{(\zeta - z)^2} \mathrm{d}\zeta \\
&= \frac{\Delta z}{2\pi\mathrm{i}} \oint_C \frac{f(\zeta)}{(\zeta - z - \Delta z)(\zeta - z)^2} \mathrm{d}\zeta.
\end{aligned} \tag{3.13}$$

接下来证明当 $\Delta z \to 0$ 时, 式(3.13)右端趋于 0.

在区域 D 内作以点 z 为圆心、$2d$ 为半径的圆（d 足够小, 使得该圆包含在 D 内）, 令 $0 < |\Delta z| < d$, 则当 $\zeta \in C$ 时, 有 $|\zeta - z| > 2d$, $|\zeta - z - \Delta z| > d$（见图 3-9）.

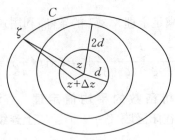

图 3-9

由定理 2.1.2 可知函数 $f(z)$ 有界,故可设 $|f(z)| \leqslant M\,(M>0)$,曲线 C 的长度为 L. 于是

$$\left|\frac{\Delta z}{2\pi i}\oint_C \frac{f(\zeta)}{(\zeta-z-\Delta z)(\zeta-z)^2}\mathrm{d}\zeta\right| \leqslant \frac{|\Delta z|}{2\pi}\cdot\frac{M}{d\cdot 4d^2}L.$$

因此,当 $\Delta z \to 0$ 时,式 (3.13) 右端趋于 0, 即当 $n=1$ 时,式 (3.12) 成立.

(2) 假设当 $n=k$ 时,式 (3.12) 成立,下证当 $n=k+1$ 时,式 (3.12) 也成立.

$$\frac{f^{(k)}(z+\Delta z)-f^{(k)}(z)}{\Delta z}-\frac{(k+1)!}{2\pi i}\oint_C \frac{f(\zeta)}{(\zeta-z)^{k+2}}\mathrm{d}\zeta$$

$$=\frac{1}{\Delta z}\cdot\frac{k!}{2\pi i}\left[\oint_C \frac{f(\zeta)}{(\zeta-z-\Delta z)^{k+1}}\mathrm{d}\zeta-\oint_C \frac{f(\zeta)}{(\zeta-z)^{k+1}}\mathrm{d}\zeta\right]$$

$$-\frac{(k+1)!}{2\pi i}\oint_C \frac{f(\zeta)}{(\zeta-z)^{k+2}}\mathrm{d}\zeta$$

$$=\frac{1}{\Delta z}\cdot\frac{k!}{2\pi i}\oint_C \frac{(k+1)(\zeta-z)^k\Delta z+(\Delta z)^2 O(1)}{(\zeta-z-\Delta z)^{k+1}(\zeta-z)^{k+1}}f(\zeta)\mathrm{d}\zeta$$

$$-\frac{(k+1)!}{2\pi i}\oint_C \frac{f(\zeta)}{(\zeta-z)^{k+2}}\mathrm{d}\zeta$$

$$=\frac{(k+1)!}{2\pi i}\oint_C \left[\frac{1}{(\zeta-z-\Delta z)^{k+1}(\zeta-z)}-\frac{1}{(\zeta-z)^{k+2}}\right]f(\zeta)\mathrm{d}\zeta+\Delta z O(1).$$

接下来与 $n=1$ 时的情形类似,可以证明当 $\Delta z \to 0$ 时,上式的极限为 0. 这里我们就不再赘述了.

式 (3.12) 说明,解析函数的各阶导数在区域内部任一点处的值都可以用其边界上的值来表示.

与柯西积分公式类似,式 (3.12) 也可以改写为

$$\oint_C \frac{f(\zeta)}{(\zeta-z)^{n+1}}\mathrm{d}\zeta=\frac{2\pi i}{n!}f^{(n)}(z) \quad (z\in D; n=1,2,\cdots). \quad (3.14)$$

我们可以用上式来计算某些函数的积分.

例 2 计算积分

$$\oint_C \frac{\mathrm{e}^{2z}}{z^4}\mathrm{d}z,$$

其中 C 是单位圆周曲线.

解 因为函数 $f(z)=\mathrm{e}^{2z}$ 在单位圆周及其内部均解析,所以满足定理 3.3.3 的条件,则由式(3.14)可得

$$\oint_C \frac{\mathrm{e}^{2z}}{z^4}\mathrm{d}z = \frac{2\pi\mathrm{i}}{3!}f^{(3)}(0) = \frac{8\pi\mathrm{i}}{3}.$$

现在我们重新来计算一下本章 3.1 节例 2 中的积分.

例 3 计算积分

$$\oint_C \frac{1}{(z-a)^n}\mathrm{d}z \quad (n \in \mathbf{Z}),$$

其中积分路径 C 是以点 a 为圆心,r 为半径的圆.

解 当 $n=1$ 时,由式(3.11)可得原积分等于 $2\pi\mathrm{i}$;当 $n=2,3,\cdots$ 时,由式(3.14)可得原积分等于 0;当 $n=0,-1,-2,\cdots$ 时,由柯西积分定理可得原积分等于 0.

定理 3.3.4 设函数 $f(z)$ 在区域 D 内解析,则 $f(z)$ 在 D 内各点处的任意阶导数均存在,且它们也在 D 内解析.

证明 在区域 D 内任取一点 z_0,作以点 z_0 为圆心且完全包含在 D 内的闭圆盘,由定理 3.3.3 可得,函数 $f(z)$ 在点 z_0 处有任意阶导数. 又由点 z_0 的任意性可知,函数 $f(z)$ 在 D 内各点处的任意阶导数都存在,从而这些导数也在 D 内解析.

对在点 $z=x+\mathrm{i}y$ 处解析的函数 $f(z)=u(x,y)+\mathrm{i}v(x,y)$,由定理 3.3.4 可知它具有任意阶导数,其导数为

$$f'(z) = u_x + \mathrm{i}v_x = v_y - \mathrm{i}u_y,$$

由 $f'(z)$ 的解析性可得 u_x, v_x, v_y, u_y 均连续. 重复上述步骤,可得如下推论.

推论 1 如果函数 $f(z)=u(x,y)+\mathrm{i}v(x,y)$ 在点 $z=x+\mathrm{i}y$ 处解析,那么其实部 $u(x,y)$ 和虚部 $v(x,y)$ 在该点处存在各阶连续偏导数.

接下来我们来证明柯西积分定理的逆定理 —— **莫雷拉定理**.

定理 3.3.5 设函数 $f(z)$ 在单连通区域 D 内连续. 如果对 D 内的任一简单闭曲线 C,有

$$\oint_C f(z)\mathrm{d}z = 0,$$

那么函数 $f(z)$ 在区域 D 内解析.

证明 由定理 3.2.1 知,函数 $f(z)$ 在区域 D 内存在原函数,即存在解析函数 $F(z)$,使得

$$F'(z) = f(z).$$

也就是说,函数 $f(z)$ 是解析函数 $F(z)$ 的导数,由定理 3.3.4 知 $f(z)$ 在区域 D 内解析.

定理 3.3.6 设函数 $f(z)$ 在圆周曲线 $C_R: |z-z_0|=R$ 上及其内部

解析，M_R 表示 $|f(z)|$ 在 C_R 上的最大值，则有

$$|f^{(n)}(z_0)| \leqslant \frac{n! M_R}{R^n} \quad (n=1,2,\cdots). \tag{3.15}$$

证明 由式(3.12)可得

$$|f^{(n)}(z_0)| = \left| \frac{n!}{2\pi i} \oint_{C_R} \frac{f(\zeta)}{(\zeta-z_0)^{n+1}} d\zeta \right|$$

$$\leqslant \frac{n!}{2\pi} \cdot \frac{M_R}{R^{n+1}} \cdot 2\pi R = \frac{n! M_R}{R^n}.$$

不等式(3.15)称为**柯西不等式**. 柯西不等式是一个对解析函数各阶导数的模的估计式，说明解析函数在解析点的各阶导数的估计值与它的解析区域的大小密切相关.

在整个复平面上解析的函数称为**整函数**. 例如，多项式函数、指数函数 e^z、三角函数 $\cos z$ 和 $\sin z$ 都是整函数，常数当然也是整函数. 应用柯西不等式，我们可得到一个关于整函数的定理——**刘维尔定理**.

定理 3.3.7 如果 $f(z)$ 是整函数且在复平面上有界，那么 $f(z)$ 是常数.

证明 设 $|f(z)| \leqslant M(z \in \mathbf{C})$. 任取复平面上一点 z_0，在以 z_0 为圆心、任意正数 R 为半径的圆周 C_R 上，运用柯西不等式并取 $n=1$，可得

$$|f'(z_0)| \leqslant \frac{M}{R}.$$

由 R 的任意性，令 $R \to +\infty$ 可得

$$f'(z_0) = 0.$$

又由点 z_0 的任意性可知，函数 $f(z)$ 在整个复平面上的导数均为 0，由定理 2.2.3 可得 $f(z)$ 是常数.

应用刘维尔定理可以证明**代数学基本定理**.

定理 3.3.8 在复平面上，任意 n 次多项式

$$P_n(z) = a_n z^n + a_{n-1} z^{n-1} + \cdots + a_0 \quad (a_n \neq 0)$$

至少有一个零点，即至少存在一点 z_0，使得 $P_n(z_0)=0$.

证明 用反证法.

假设结论不成立，即对任意的复数 z，均有 $P_n(z) \neq 0$，故函数

$$f(z) = \frac{1}{P_n(z)}$$

是整函数，下证 $f(z)$ 在复平面上有界. 由于

$$\lim_{z \to \infty} P_n(z) = \lim_{z \to \infty} z^n (a_n + a_{n-1} z^{-1} + \cdots + a_0 z^{-n}) = \infty,$$

则

$$\lim_{z \to \infty} f(z) = 0.$$

因此，存在充分大的正数 R，使得当 $|z|>R$ 时，有 $|f(z)|<1$.

又因为函数 $f(z)$ 在区域 $|z|\leqslant R$ 上连续，所以存在正常数 M，使得
$$|f(z)|<M,$$
从而 $f(z)$ 在复平面上有界．根据刘维尔定理可得函数 $f(z)$ 为常数，因此多项式 $P_n(z)$ 也必为常数，这与定理的假设矛盾，故定理得证．

习题三

1. 填空题：

(1) 设 C 为沿原点 $z=0$ 到点 $z=1+\mathrm{i}$ 的线段，则 $\int_C 2\bar{z}\mathrm{d}z=$ ＿＿＿＿＿＿＿；

(2) 设 C 为正向圆周 $|z-4|=1$，则 $\oint_C \dfrac{z^2-3z+2}{(z-4)^2}\mathrm{d}z=$ ＿＿＿＿＿＿＿；

(3) 设函数 $f(z)=\oint_{|\xi|=2}\dfrac{\sin\dfrac{\pi}{2}\xi}{\xi-z}\mathrm{d}\xi(|z|\neq 2)$，则 $f'(3)=$ ＿＿＿＿＿＿＿；

(4) 设 C 为正向圆周 $|z|=3$，则 $\oint_C \dfrac{z+\bar{z}}{|z|}\mathrm{d}z=$ ＿＿＿＿＿＿＿；

(5) 设函数 $f(z)$ 在单连通区域 B 内连续，且对于 B 内任意一条简单闭曲线 C，都有 $\oint_C f(z)\mathrm{d}z=0$，则 $f(z)$ 在 B 内＿＿＿＿＿＿＿．

2. 单项选择题：

(1) 设 C 为从原点沿曲线 $y^2=x$ 到点 $1+\mathrm{i}$ 的弧段，则 $\int_C(x+\mathrm{i}y^2)\mathrm{d}z=(\quad)$；

A. $\dfrac{1}{6}-\dfrac{5}{6}\mathrm{i}$ B. $-\dfrac{1}{6}+\dfrac{5}{6}\mathrm{i}$ C. $-\dfrac{1}{6}-\dfrac{5}{6}\mathrm{i}$ D. $\dfrac{1}{6}+\dfrac{5}{6}\mathrm{i}$

(2) 设 C 为不经过点 1 和 -1 的正向简单闭曲线，则 $\oint_C \dfrac{z}{(z-1)(z+1)^2}\mathrm{d}z=(\quad)$；

A. $\dfrac{\pi\mathrm{i}}{2}$ B. $-\dfrac{\pi\mathrm{i}}{2}$ C. 0 D. 上述选项都有可能

(3) 设 C_1 为圆周 $|z|=1$ 沿负向，C_2 为正向圆周 $|z|=3$，$C=C_1+C_2$，则 $\oint_C \dfrac{\sin z}{z^2}\mathrm{d}z=(\quad)$；

A. $-2\pi\mathrm{i}$ B. 0 C. $2\pi\mathrm{i}$ D. $4\pi\mathrm{i}$

(4) 设 C 为线段 $z=(1+\mathrm{i})t$，其中 t 从 1 变到 2，则 $\int_C \arg z\,\mathrm{d}z=(\quad)$；

A. $\dfrac{\pi}{4}$ B. $\dfrac{\pi\mathrm{i}}{4}$ C. $\dfrac{\pi}{4}(1+\mathrm{i})$ D. $1+\mathrm{i}$

(5) 下列命题中不正确的是( ).

A. 积分 $\oint_{|z-a|=r} \dfrac{1}{z-a} \mathrm{d}z$ 的值与 $r(r>0)$ 的大小无关

B. $\left| \int_C (x^2 + \mathrm{i}y^2) \mathrm{d}z \right| \leqslant 2$, 其中 C 为连接点 $-\mathrm{i}$ 到 i 的线段

C. 若在区域 D 内有 $f'(z) = g(z)$, 则在 D 内 $g'(z)$ 存在且解析

D. 若函数 $f(z)$ 在区域 $0 < |z| < 1$ 内解析, 且沿任意圆周 $C: |z| = r (0 < r < 1)$ 的积分等于零, 则 $f(z)$ 在点 $z = 0$ 处解析

3. 分别沿下列积分路径计算积分 $\int_C z^2 \mathrm{d}z$, 其中 C 分别为:

(1) 自原点到点 $3+\mathrm{i}$ 的线段;

(2) 自原点沿实轴到点 3, 再由点 3 沿直线向上至点 $3+\mathrm{i}$;

(3) 自原点沿虚轴到点 i, 再由点 i 沿直线向右至点 $3+\mathrm{i}$.

4. 分别自原点沿直线 $y = x$ 与曲线 $y = x^2$ 至点 $1+\mathrm{i}$ 计算积分 $\int_C (x^2 + \mathrm{i}y) \mathrm{d}z$.

5. 计算积分 $\oint_C \dfrac{\bar{z}}{|z|} \mathrm{d}z$, 其中 C 分别为下列正向圆周:

(1) $|z| = 2$;   (2) $|z| = 4$.

6. 设函数 $f(z)$ 在圆周 $C_{r_0}: |z-a| = r_0$ 外部连续, $M(r) = \max\limits_{z \in C_r} |f(z)| \, (r > r_0)$.

(1) 证明: 若 $\lim\limits_{r \to +\infty} rM(r) = 0$, 则 $\lim\limits_{r \to +\infty} \oint_{C_r} f(z) \mathrm{d}z = 0$.

(2) 证明: 若函数 $f(z)$ 在圆周 C_{r_0} 外部解析, 且 $\lim\limits_{r \to +\infty} rM(r) = 0$, 则对任意 $r_1 > r_0$, 有
$$\oint_{C_{r_1}} f(z) \mathrm{d}z = 0.$$

(3) 计算积分 $\oint_{|z|=2} \dfrac{1}{z^4 + 1} \mathrm{d}z = 0$.

7. 试用观察法得出下列积分值, 并说明观察时的依据, 其中 C 是正向圆周 $|z| = 1$.

(1) $\oint_C \dfrac{1}{z-2} \mathrm{d}z$;   (2) $\oint_C \dfrac{1}{z^2 + 2z + 4} \mathrm{d}z$;

(3) $\oint_C \dfrac{1}{\cos z} \mathrm{d}z$;   (4) $\oint_C \dfrac{1}{z - \dfrac{1}{2}} \mathrm{d}z$;

(5) $\oint_C z \mathrm{e}^z \mathrm{d}z$.

8. 沿下列指定曲线的正向计算积分:

(1) $\oint_C \dfrac{1}{(z+2)\left(z - \dfrac{\mathrm{i}}{2}\right)} \mathrm{d}z, C: |z| = 1$;

(2) $\oint_C \dfrac{1}{z^2-a^2}dz\,(a\neq 0)$, $C: |z-a|=a$;

(3) $\oint_C \dfrac{e^{iz}}{z^2+1}dz$, $C: |z-2i|=\dfrac{3}{2}$;

(4) $\oint_C \dfrac{\sin z}{\left(z-\dfrac{\pi}{2}\right)^2}dz$, $C: |z|=2$;

(5) $\oint_C \dfrac{e^z}{z^5}dz$, $C: |z|=1$;

(6) $\oint_C \dfrac{e^z}{(z-a)^3}dz\,(|a|\neq 1)$, $C: |z|=1$.

9. 求积分 $\oint_{|z|=1} \dfrac{e^z}{z}dz$,并证明:
$$\int_0^{\pi} e^{\cos\theta}\cos\sin\theta\, d\theta = \pi.$$

10. 设函数 $f(z)$ 在区域 $|z|<R(R>1)$ 内解析,且 $f(0)=1,f'(0)=2$,试计算积分
$$\oint_{|z|=1}(z+1)^2\dfrac{f(z)}{z^2}dz,$$
并由此得出积分 $\displaystyle\int_0^{2\pi}\cos^2\dfrac{\theta}{2}f(e^{i\theta})d\theta$ 的值.

第四章 复级数

4.1 复级数的基本概念

复数列和复级数是研究复变函数的又一重要工具. 本节主要介绍复数列和复级数的定义及基本性质.

1. 复数列

我们把形如
$$z_1 = a_1 + ib_1, \quad z_2 = a_2 + ib_2, \quad \cdots, \quad z_n = a_n + ib_n, \quad \cdots$$
的一列复数称为**复数列**,记作 $\{z_n\}$.

若存在复常数 z_0,使得对任意的 $\varepsilon > 0$,存在正整数 N,当 $n > N$ 时,
$$|z_n - z_0| < \varepsilon$$
成立,则称复数列 $\{z_n\}$ **收敛**或**有极限**,并记作 $\lim\limits_{n \to +\infty} z_n = z_0$. 反之,则称复数列 $\{z_n\}$ **发散**.

根据复数列收敛的定义不难得出,复数列 $\{z_n = a_n + ib_n\}$ 收敛于 z_0 的充要条件是:实数列 $\{a_n\}$ 和 $\{b_n\}$ 均收敛,且分别收敛于极限值 z_0 的实部和虚部.

我们可以用实数列 $\{|z_n|\}$ 的有界性来定义复数列 $\{z_n\}$ 的有界性.

例 1 复数列 $\left\{z_n = \dfrac{1}{n^3} + i\right\}$ 收敛于 i,因为其实部数列 $\left\{\dfrac{1}{n^3}\right\}$ 收敛于 0,虚部数列 $\{i\}$ 收敛于 i.

2. 复数项级数

我们把形如
$$z_1 + z_2 + \cdots + z_n + \cdots \tag{4.1}$$
的无穷多个复数的和称为**复数项无穷级数**,简称**复级数**,记作 $\sum\limits_{n=1}^{+\infty} z_n$.

如果部分和数列

$$\{s_n = z_1 + z_2 + \cdots + z_n\}$$

收敛于 s，那么称复级数(4.1) **收敛** 且其和为 s，记作

$$\sum_{n=1}^{+\infty} z_n = s;$$

否则，称复级数(4.1) **发散**.

定理 4.1.1 设 $z_n = a_n + \mathrm{i}b_n (a_n, b_n \in \mathbf{R}, n = 1, 2, \cdots), s = a + \mathrm{i}b(a, b \in \mathbf{R})$，则 $\sum_{n=1}^{+\infty} z_n = s$ 的充要条件是：

$$\sum_{n=1}^{+\infty} a_n = a \quad \text{及} \quad \sum_{n=1}^{+\infty} b_n = b.$$

定理 4.1.1 告诉我们，复级数收敛等价于其实部和虚部两个实数项级数同时收敛. 因此，许多关于实数项级数收敛的结果，可以直接推广到复级数中来.

例如，由实数项级数收敛的必要条件直接可得复级数收敛的必要条件.

推论 1 若复级数 $\sum_{n=1}^{+\infty} z_n$ 收敛，则其一般项的极限为 0，即

$$\lim_{n \to +\infty} z_n = 0.$$

如果级数

$$|z_1| + |z_2| + \cdots + |z_n| + \cdots$$

收敛，那么称复级数(4.1) **绝对收敛**. 非绝对收敛的收敛级数，称之为 **条件收敛**.

由不等式

$$\max\left\{\sum_{k=1}^{n} |a_k|, \sum_{k=1}^{n} |b_k|\right\} \leqslant \sum_{k=1}^{n} |z_k| = \sum_{k=1}^{n} \sqrt{a_k^2 + b_k^2} \leqslant \sum_{k=1}^{n} |a_k| + \sum_{k=1}^{n} |b_k|$$

可得下列推论.

推论 2 复级数(4.1)绝对收敛的充要条件是：实数项级数 $\sum_{n=1}^{+\infty} a_n$ 和 $\sum_{n=1}^{+\infty} b_n$ 都绝对收敛.

定理 4.1.2 如果复级数 $\sum_{n=1}^{+\infty} z_n$ 及 $\sum_{n=1}^{+\infty} w_n$ 都绝对收敛，并且它们的和分别是 σ 及 ω，那么复级数

$$\sum_{n=1}^{+\infty} (z_1 w_n + z_2 w_{n-1} + \cdots + z_n w_1) \tag{4.2}$$

也绝对收敛，并且它的和是 $\sigma\omega$.

复级数(4.2)称为复级数 $\sum_{n=1}^{+\infty} z_n$ 及 $\sum_{n=1}^{+\infty} w_n$ 的柯西乘积.

定理 4.1.2 的证明与实数项级数的情形相同，此处略去，请感兴趣的读者自行证明.

3. 复变函数项级数

设复变函数列 $\{f_n(z)\}$ 的各项均在点集 E 上有定义,则称
$$f_1(z)+f_2(z)+\cdots+f_n(z)+\cdots \tag{4.3}$$
为定义在 E 上的**复变函数项级数**,记作 $\sum\limits_{n=1}^{+\infty}f_n(z)$.

设函数 $f(z)$ 在点集 E 上有定义.若给定 E 上任一点 z,对任意的实数 $\varepsilon>0$,存在正整数 $N=N(\varepsilon,z)$,使得当 $n>N$ 时,有
$$\left|f(z)-\sum_{k=1}^{n}f_k(z)\right|<\varepsilon,$$
则称复变函数项级数(4.3)在 E 上**收敛**于函数 $f(z)$,并称 $f(z)$ 为该级数的**和函数**.

设函数 $f(z)$ 在点集 E 上有定义.若给定 E 上任一点 z,对任意的实数 $\varepsilon>0$,可以找到一个与 ε 有关,而与 z 无关的正整数 $N=N(\varepsilon)$,使得当 $n>N$ 时,有
$$\left|f(z)-\sum_{k=1}^{n}f_k(z)\right|<\varepsilon,$$
则称复变函数项级数(4.3)在 E 上**一致收敛**于函数 $f(z)$.

与实变函数项级数的情形类似,我们可以得出以下关于复变函数项级数一致收敛的充要条件.

定理 4.1.3 (柯西一致收敛准则) 复变函数项级数(4.3)在点集 E 上一致收敛的充要条件是:任给 $\varepsilon>0$,存在一个与 ε 有关,而与 z 无关的正整数 $N=N(\varepsilon)$,使得当 $n>N$ 时,有
$$\left|f_{n+1}(z)+f_{n+2}(z)+\cdots+f_{n+p}(z)\right|<\varepsilon,$$
其中 $z\in E, p=1,2,\cdots$.

由定理 4.1.3 可得复变函数项级数(4.3)一致收敛的一个充分条件——**魏尔斯特拉斯判别法**(或**优级数准则**):若存在收敛的正项级数 $\sum\limits_{n=1}^{+\infty}M_n$,使得对一切 $z\in E$,有
$$|f_n(z)|\leqslant M_n \quad (n=1,2,\cdots),$$
则复变函数项级数(4.3)在 E 上绝对收敛且一致收敛.

定理 4.1.4 设复变函数项级数(4.3)的一般项 $f_n(z)$ 在点集 E 上连续,且该级数在 E 上一致收敛于函数 $f(z)$,则 $f(z)$ 也在 E 上连续.

定理 4.1.5 设复变函数项级数(4.3)的一般项 $f_n(z)$ 在曲线 C 上连续,且该级数在 C 上一致收敛于函数 $f(z)$,则该级数沿曲线 C 逐项可积:
$$\int_C f(z)\mathrm{d}z=\sum_{n=1}^{+\infty}\int_C f_n(z)\mathrm{d}z. \tag{4.4}$$

以上定理请读者自行证明.

设函数 $f_n(z)(n=1,2,\cdots)$ 在区域 D 内有定义. 若复变函数项级数 (4.3) 在 D 内任一有界闭集上一致收敛,则称该级数在 D 内**内闭一致收敛**.

定理 4.1.6 （魏尔斯特拉斯定理） 设函数 $f_n(z)(n=1,2,\cdots)$ 在区域 D 内解析,且复变函数项级数 (4.3) 在 D 内内闭一致收敛于函数 $f(z)$,则 $f(z)$ 在 D 内解析,且在 D 内逐项可导:

$$f^{(k)}(z) = \sum_{n=1}^{+\infty} f_n^{(k)}(z) \quad (k=1,2,\cdots). \tag{4.5}$$

证明 任取区域 D 内一点 z_0,以点 z_0 为圆心作一个包含在 D 内的闭圆盘 U. 在闭圆盘 U 内部任作一条简单闭曲线 C,由定理 4.1.5 和柯西积分定理可得

$$\oint_C f(z)\mathrm{d}z = \sum_{n=1}^{+\infty} \oint_C f_n(z)\mathrm{d}z = 0,$$

从而由莫雷拉定理知函数 $f(z)$ 在闭圆盘 U 内解析,则 $f(z)$ 在点 z_0 处解析,再由 z_0 的任意性可得 $f(z)$ 在 D 内解析.

设闭圆盘 U 的边界曲线为 K,它是区域 D 内的有界闭集,则由题设知级数 $\sum_{n=1}^{+\infty} \dfrac{f_n(z)}{(z-z_0)^{k+1}}(k=1,2,\cdots)$ 在 K 上一致收敛于函数 $\dfrac{f(z)}{(z-z_0)^{k+1}}$. 由定理 4.1.5 可得

$$\frac{k!}{2\pi\mathrm{i}} \int_K \frac{f(z)}{(z-z_0)^{k+1}} \mathrm{d}z = \sum_{n=1}^{+\infty} \frac{k!}{2\pi\mathrm{i}} \int_K \frac{f_n(z)}{(z-z_0)^{k+1}} \mathrm{d}z,$$

再由定理 3.3.3 即得

$$f^{(k)}(z_0) = \sum_{n=1}^{+\infty} f_n^{(k)}(z_0) \quad (k=1,2,\cdots).$$

注 定理 4.1.6 还有一个结论就是复变函数项级数 $\sum_{n=1}^{+\infty} f_n^{(k)}(z)$ 在 D 内内闭一致收敛于函数 $f^{(k)}(z)(k=1,2,\cdots)$. 证明略.

4.2 幂级数

我们把形如

$$\sum_{n=0}^{+\infty} a_n(z-z_0)^n = a_0 + a_1(z-z_0) + a_2(z-z_0)^2 + \cdots + a_n(z-z_0)^n + \cdots \tag{4.6}$$

的复变函数项级数称为**幂级数**,其中 $z_0, a_n(n=0,1,2,\cdots)$ 为复常数.

例 1 讨论幂级数 $\sum_{n=0}^{+\infty} z^n$ 的敛散性.

解 当 $z \neq 1$ 时,由等比级数的求和公式可得幂级数 $\sum_{n=0}^{+\infty} z^n$ 的部分和函

数为
$$s_n(z) = \sum_{k=0}^{n-1} z^k = \frac{1-z^n}{1-z}.$$

当 $|z| < 1$ 时,
$$\lim_{n \to +\infty} s_n(z) = \frac{1}{1-z};$$

当 $|z| > 1$ 时,
$$\lim_{n \to +\infty} s_n(z) = \infty;$$

当 $|z| = 1$ 时,由一般项不趋于零知幂级数 $\sum_{n=0}^{+\infty} z^n$ 发散.

综上可得,当 $|z| < 1$ 时,幂级数 $\sum_{n=0}^{+\infty} z^n$ 收敛且其和函数为 $\frac{1}{1-z}$;当 $|z| \geq 1$ 时,幂级数 $\sum_{n=0}^{+\infty} z^n$ 发散.

幂级数是最简单的解析函数项级数,它不仅是研究解析函数的一个重要工具,而且在实际计算中应用起来也比较方便,同时其收敛区域也很规范. 为了研究幂级数的敛散性,我们先给出阿贝尔定理.

定理 4.2.1 如果幂级数(4.6)在点 $z_1 (\neq z_0)$ 处收敛,那么对满足 $|z - z_0| < |z_1 - z_0|$ 的任意点 z,幂级数(4.6)绝对收敛.

证明 由定理条件知复级数 $\sum_{n=0}^{+\infty} a_n (z_1 - z_0)^n$ 收敛,由 4.1 节推论 1 可得一般项 $a_n (z_1 - z_0)^n$ 有界,即存在正常数 M,使得
$$|a_n (z_1 - z_0)^n| \leq M \quad (n = 0, 1, 2, \cdots).$$

对满足 $|z - z_0| < |z_1 - z_0|$ 的任意点 z,令 $\rho = \frac{|z - z_0|}{|z_1 - z_0|}$,则 $\rho < 1$,从而有
$$|a_n (z - z_0)^n| = |a_n (z_1 - z_0)^n| \frac{|z - z_0|^n}{|z_1 - z_0|^n} \leq M\rho^n \quad (n = 0, 1, 2, \cdots).$$

由于等比级数 $\sum_{n=0}^{+\infty} M\rho^n (\rho < 1)$ 收敛,因此由正项级数的比较审敛法知级数 $\sum_{n=0}^{+\infty} |a_n (z - z_0)^n|$ 收敛,从而定理得证.

例 2 幂级数 $\sum_{n=0}^{+\infty} a_n (z-2)^n$ 能否在点 $z = 0$ 处收敛而在点 $z = 3$ 处发散?

解 不能. 由阿贝尔定理知,在点 $z = 0$ 处收敛的幂级数 $\sum_{n=0}^{+\infty} a_n (z-2)^n$ 一定在开圆盘 $K: |z - 2| < |0 - 2| = 2$ 内处处收敛,而点 $z = 3$ 在 K 内,所以原幂级数不能在点 $z = 0$ 处收敛而在点 $z = 3$ 处发散.

由阿贝尔定理可知,若幂级数(4.6)在除点 z_0 以外的点 z_1 处收敛,则以点 z_0 为圆心、$|z_1-z_0|$ 为半径的圆内部是幂级数(4.6)的收敛区域. 我们把使得幂级数(4.6)收敛的最大圆称为该幂级数的**收敛圆**,把收敛圆的半径称为**收敛半径**. 幂级数在收敛圆外部的任意一点 z 处都发散; 否则, 若在收敛圆外部存在一点 z_2, 使得幂级数(4.6)在该点处收敛, 则由阿贝尔定理知, 在以点 z_0 为圆心、$|z_2-z_0|$ 为半径的圆内部, 幂级数(4.6)收敛, 这与收敛圆的定义不符. 由此可得如下定理.

定理 4.2.2 设幂级数(4.6)的收敛半径为 R.

(1) 如果 $0 < R < +\infty$, 那么当 $|z-z_0| < R$ 时, 幂级数(4.6)绝对收敛; 当 $|z-z_0| > R$ 时, 幂级数(4.6)发散.

(2) 如果 $R = +\infty$, 那么幂级数(4.6)在复平面上任一点处都绝对收敛.

(3) 如果 $R = 0$, 那么幂级数(4.6)在复平面上除点 $z=z_0$ 外任一点处均发散.

注 在定理 4.2.2 的情形(1)下, 当 $|z-z_0|=R$ 时, 幂级数(4.6)可能收敛, 也可能发散, 要具体问题具体分析.

一般情况下, 我们称幂级数有收敛圆指的是收敛半径大于零的情形. 而收敛半径我们一般用下面定理中的公式来计算.

定理 4.2.3 如果幂级数(4.6)的系数 a_n 满足下列条件之一:

(1) $l = \lim\limits_{n \to +\infty} \left| \dfrac{a_{n+1}}{a_n} \right|$,

(2) $l = \lim\limits_{n \to +\infty} \sqrt[n]{|a_n|}$,

(3) $l = \varlimsup\limits_{n \to +\infty} \sqrt[n]{|a_n|}$,

那么当 $0 < l < +\infty$ 时,幂级数(4.6)的收敛半径为

$$R = \frac{1}{l}.$$

特别地,当 $l = +\infty$ 时, $R = 0$; 当 $l = 0$ 时, $R = +\infty$.

例 3 求幂级数

$$\sum_{n=1}^{+\infty} (-1)^{n+1} \frac{z^{n+1}}{n(n+1)}$$

的收敛半径, 并指出其在收敛圆上的敛散性.

解 因为

$$l = \lim_{n \to +\infty} \left| \frac{a_{n+1}}{a_n} \right| = \lim_{n \to +\infty} \left| (-1) \frac{n(n+1)}{(n+1)(n+2)} \right| = 1,$$

所以原幂级数的收敛半径为 $R=1$.

在圆周 $|z|=1$ 上, 因为

$$\left| (-1)^{n+1} \frac{z^{n+1}}{n(n+1)} \right| = \frac{1}{n(n+1)},$$

而级数 $\sum\limits_{n=1}^{+\infty} \dfrac{1}{n(n+1)}$ 收敛,所以原幂级数在圆周 $|z|=1$ 上绝对收敛. 因此,幂级数 $\sum\limits_{n=1}^{+\infty} (-1)^{n+1} \dfrac{z^{n+1}}{n(n+1)}$ 在收敛圆上处处收敛.

例 4 求幂级数
$$\sum_{n=1}^{+\infty} (1+\mathrm{i})^n z^n$$
的收敛半径.

解 因为
$$l = \lim_{n \to +\infty} \sqrt[n]{|a_n|} = |1+\mathrm{i}| = \sqrt{2},$$
所以原幂级数的收敛半径为 $R = \dfrac{\sqrt{2}}{2}$.

例 5 求幂级数
$$\sum_{n=1}^{+\infty} [3+(-1)^n]^n z^n$$
的收敛半径.

解 因为
$$l = \varlimsup_{n \to +\infty} \sqrt[n]{|a_n|} = \varlimsup_{n \to +\infty} |3+(-1)^n| = 4,$$
所以该幂级数的收敛半径为 $R = \dfrac{1}{4}$.

例 6 求幂级数
$$\sum_{n=1}^{+\infty} (3+4\mathrm{i})^n (z-\mathrm{i})^{2n}$$
的收敛半径.

解 因为原幂级数为缺项幂级数,所有不能直接用定理 4.2.3 来做,可以利用正项级数的比值审敛法来求收敛半径. 令函数
$$f_n(z) = (3+4\mathrm{i})^n (z-\mathrm{i})^{2n},$$
则
$$\begin{aligned} l &= \lim_{n \to +\infty} \left| \dfrac{f_{n+1}(z)}{f_n(z)} \right| \\ &= \lim_{n \to +\infty} \left| \dfrac{(3+4\mathrm{i})^{n+1}(z-\mathrm{i})^{2(n+1)}}{(3+4\mathrm{i})^n (z-\mathrm{i})^{2n}} \right| \\ &= \lim_{n \to +\infty} |(3+4\mathrm{i})(z-\mathrm{i})^2| \\ &= 5|z-\mathrm{i}|^2. \end{aligned}$$

由比值审敛法知,当 $l = 5|z-\mathrm{i}|^2 < 1$,即 $|z-\mathrm{i}| < \dfrac{\sqrt{5}}{5}$ 时,原幂级数绝对收

敛；当 $l=5|z-\mathrm{i}|^2>1$，即 $|z-\mathrm{i}|>\dfrac{\sqrt{5}}{5}$ 时，原幂级数发散．根据收敛圆的定义知，原幂级数的收敛半径为 $R=\dfrac{\sqrt{5}}{5}$．

下面的定理告诉我们，幂级数(4.6)的和函数在其收敛圆内是一个解析函数．

定理 4.2.4 如果 z_1 为幂级数(4.6)收敛圆内的一点，那么该幂级数在闭圆盘 $|z-z_0|\leqslant|z_1-z_0|$ 内必定绝对收敛且一致收敛，即幂级数(4.6)在收敛圆内绝对收敛且内闭一致收敛，其和函数
$$f(z)=a_0+a_1(z-z_0)+a_2(z-z_0)^2+\cdots+a_n(z-z_0)^n+\cdots$$
在收敛圆内解析，和函数的各阶导数为
$$f^{(n)}(z)=\sum_{k=0}^{+\infty}\dfrac{(n+k)!}{k!}a_{n+k}(z-z_0)^k \quad (n=1,2,\cdots). \quad (4.7)$$

证明 设 z_1 为幂级数(4.6)收敛圆内的一点，则由定理 4.2.1 知正项级数 $\sum\limits_{n=0}^{+\infty}|a_n||z_1-z_0|^n$ 收敛．当点 z 满足 $|z-z_0|\leqslant|z_1-z_0|$ 时，有
$$|a_n||z-z_0|^n\leqslant|a_n||z_1-z_0|^n,$$
由魏尔斯特拉斯判别法可得幂级数(4.6)在闭圆盘 $|z-z_0|\leqslant|z_1-z_0|$ 内绝对收敛且一致收敛，即幂级数(4.6)在收敛圆内绝对收敛且内闭一致收敛．本定理其余部分可由定理 4.1.6 得到．

注 (1) 在式(4.7)中令 $z=z_0$，可以解得
$$a_n=\dfrac{f^{(n)}(z_0)}{n!} \quad (n=0,1,2,\cdots).$$

(2) 幂级数(4.6)可沿收敛圆内任意曲线 C 逐项积分，且逐项积分后所得幂级数的收敛半径与原幂级数的收敛半径相同．

4.3 解析函数的泰勒展开式

在上一节中，我们了解到一个具有非零收敛半径的幂级数，其和函数在收敛圆内解析．本节我们将介绍幂级数的另一个重要性质——解析函数在解析区域内可以展开成一个幂级数．

1. 泰勒级数

定理 4.3.1（泰勒定理） 设函数 $f(z)$ 在区域 D 内解析，则对于任意包含在 D 内的开圆盘
$$K:|z-z_0|<R(z_0\in D),$$
$f(z)$ 在 K 内能展开成唯一的幂级数形式

$$f(z) = f(z_0) + f'(z_0)(z - z_0) + \frac{f''(z_0)}{2!}(z - z_0)^2$$
$$+ \cdots + \frac{f^{(n)}(z_0)}{n!}(z - z_0)^n + \cdots. \tag{4.8}$$

式(4.8)称为函数 $f(z)$ 在点 z_0 处的**泰勒展开式**,右边的级数称为**泰勒级数**,$\frac{f^{(n)}(z_0)}{n!}(n = 0, 1, 2, \cdots)$ 称为**泰勒系数**.

证明 本定理证明的关键在于利用柯西积分公式和 4.2 节中例 1 的结论.

任取一点 $z \in K$,在 K 内作一以点 z_0 为圆心的圆周
$$C_\rho : |\zeta - z_0| = \rho \quad (0 < \rho < R),$$
使点 z 属于其内部. 由柯西积分公式可得
$$f(z) = \frac{1}{2\pi i} \oint_{C_\rho} \frac{f(\zeta)}{\zeta - z} d\zeta.$$

接下来我们设法将被积函数 $\frac{f(\zeta)}{\zeta - z}$ 表示为 $z - z_0$ 的幂级数形式.

由于 $\zeta \in C_\rho$,$|z - z_0| < \rho$,因此
$$\left|\frac{z - z_0}{\zeta - z_0}\right| = \frac{|z - z_0|}{\rho} < 1.$$

利用 4.2 节中例 1 的结论,我们有
$$\frac{f(\zeta)}{\zeta - z} = \frac{f(\zeta)}{(\zeta - z_0) - (z - z_0)}$$
$$= \frac{f(\zeta)}{\zeta - z_0} \cdot \frac{1}{1 - \frac{z - z_0}{\zeta - z_0}}$$
$$= \frac{f(\zeta)}{\zeta - z_0} \sum_{n=0}^{+\infty} \left(\frac{z - z_0}{\zeta - z_0}\right)^n.$$

上式右端的幂级数 $\sum_{n=0}^{+\infty} \left(\frac{z - z_0}{\zeta - z_0}\right)^n$ 在 $\zeta \in C_\rho$ 上一致收敛,乘以 C_ρ 上的有界函数 $\frac{f(\zeta)}{\zeta - z_0}$ 后仍然在 C_ρ 上一致收敛.于是,根据逐项积分公式可得
$$f(z) = \frac{1}{2\pi i} \oint_{C_\rho} \frac{f(\zeta)}{\zeta - z} d\zeta$$
$$= \frac{1}{2\pi i} \oint_{C_\rho} \sum_{n=0}^{+\infty} \frac{f(\zeta)}{\zeta - z_0} \left(\frac{z - z_0}{\zeta - z_0}\right)^n d\zeta$$
$$= \frac{1}{2\pi i} \sum_{n=0}^{+\infty} \left[\oint_{C_\rho} \frac{f(\zeta)}{(\zeta - z_0)^{n+1}} d\zeta\right](z - z_0)^n$$
$$= \sum_{n=0}^{+\infty} \frac{f^{(n)}(z_0)}{n!}(z - z_0)^n.$$

最后证明展开式的唯一性.

设函数 $f(z)$ 可展开成幂级数形式

$$f(z)=\sum_{n=0}^{+\infty}c_n(z-z_0)^n,$$

则由定理 4.2.4 知

$$c_n=\frac{f^{(n)}(z_0)}{n!}\quad(n=0,1,2,\cdots),$$

因此展开式是唯一的.

由定理 4.2.4 和定理 4.3.1 可得下列关于解析函数的重要性质.

定理 4.3.2 函数 $f(z)$ 在点 z_0 处解析的充要条件是:$f(z)$ 在点 z_0 的某个邻域内有泰勒展开式(4.8).

下面我们将给出一些初等函数的泰勒展开式,它们的形式与实变函数的情形类似.

例 1 求函数 $e^z,\cos z$ 及 $\sin z$ 在点 $z=0$ 处的泰勒展开式.

解 由定理 4.3.1 及初等函数的导数公式

$$(e^z)^{(n)}=e^z,\quad(\sin z)^{(n)}=\sin\left(z+\frac{n}{2}\pi\right),$$

可得

$$e^z=1+z+\frac{z^2}{2!}+\cdots+\frac{z^n}{n!}+\cdots,$$

$$\sin z=z-\frac{z^3}{3!}+\frac{z^5}{5!}-\cdots+(-1)^n\frac{z^{2n+1}}{(2n+1)!}+\cdots.$$

利用逐项求导公式和导数公式$(\sin z)'=\cos z$,可得

$$\cos z=1-\frac{z^2}{2!}+\frac{z^4}{4!}-\cdots+(-1)^n\frac{z^{2n}}{(2n)!}+\cdots.$$

由于函数 $e^z,\cos z$ 及 $\sin z$ 在复平面上都解析,因此上面三个泰勒展开式在整个复平面上都成立.

初等函数展开成泰勒级数的方法一般有直接法和间接法两种.**直接法**是指直接利用定理 4.3.1 来求泰勒展开式,**间接法**是指借助一些已知函数的泰勒展开式,并利用逐项积分公式或逐项求导公式来求所需泰勒展开式.

对于多值解析函数,因为它在复平面上以某些射线为割线而得的区域内可以分成解析分支,所以它在解析区域内的任意圆盘中均可以展开成泰勒级数.

例 2 多值函数 $\operatorname{Ln}(1+z)$ 以 $z=-1,\infty$ 为支点,因此在沿负实轴从 -1 到 ∞ 割破所得的区域内解析,其解析分支为

$$w_k=\operatorname{Ln}(1+z)=\ln|1+z|+\mathrm{i}(\arg z+2k\pi)\quad(k\in\mathbf{Z}).$$

因为

$$\frac{\mathrm{d}w_k}{\mathrm{d}z} = \frac{1}{1+z} \quad (k \in \mathbf{Z}),$$

$$\frac{1}{1+z} = 1 - z + z^2 - \cdots + (-1)^n z^n + \cdots \quad (|z| < 1),$$

$$w_k \Big|_{z=0} = 2k\pi\mathrm{i} \quad (k \in \mathbf{Z}),$$

所以由逐项积分公式可得函数 $\mathrm{Ln}(1+z)$ 的各解析分支在点 $z=0$ 处的泰勒展开式为

$$w_k = \mathrm{Ln}(1+z)$$
$$= 2k\pi\mathrm{i} + z - \frac{z^2}{2} + \frac{z^3}{3} - \cdots$$
$$+ (-1)^n \frac{z^{n+1}}{n+1} + \cdots \quad (k \in \mathbf{Z}, |z| < 1).$$

例 3 函数 $\sec z$ 在开圆盘 $|z| < \frac{\pi}{2}$ 内解析，求它在该圆盘内的泰勒展开式.

解 设在开圆盘 $|z| < \frac{\pi}{2}$ 内，函数 $\sec z$ 的泰勒展开式为

$$\sec z = c_0 + c_1 z + c_2 z^2 + \cdots + c_n z^n + \cdots.$$

根据例 1 中函数 $\cos z$ 的泰勒展开式可得

$$\sec z = \frac{1}{\cos z} = \frac{1}{1 - \frac{z^2}{2!} + \frac{z^4}{4!} - \cdots + (-1)^n \frac{z^{2n}}{(2n)!} + \cdots},$$

因此在 $|z| < \frac{\pi}{2}$ 内，有

$$1 = (c_0 + c_1 z + c_2 z^2 + \cdots + c_n z^n + \cdots)$$
$$\cdot \left(1 - \frac{z^2}{2!} + \frac{z^4}{4!} - \cdots + (-1)^n \frac{z^{2n}}{(2n)!} + \cdots\right).$$

上式右端用柯西乘积进行计算，并与左端比较系数，即可求得系数 $c_n(n=0, 1, 2, \cdots)$. 于是

$$\sec z = 1 + \frac{1}{2!}z^2 + \frac{5}{4!}z^4 + \cdots.$$

例 4 将函数 $\dfrac{\mathrm{e}^z}{1-z}$ 在点 $z=0$ 处展开成幂级数.

解 函数 $\dfrac{\mathrm{e}^z}{1-z}$ 在开圆盘 $|z| < 1$ 内解析，因此在 $|z| < 1$ 内可展开成泰勒级数.

由例 1 知

$$\mathrm{e}^z = 1 + z + \frac{z^2}{2!} + \cdots + \frac{z^n}{n!} + \cdots,$$

又
$$\frac{1}{1-z}=1+z+z^2+\cdots+z^n+\cdots\quad(|z|<1),$$
上面两级数做柯西乘积可得
$$\frac{e^z}{1-z}=1+\left(1+\frac{1}{1!}\right)z+\left(1+\frac{1}{1!}+\frac{1}{2!}\right)z^2+\cdots\quad(|z|<1).$$

例 5 将函数 $\frac{z}{z+2}$ 展开成 $z-1$ 的幂级数,并指出其收敛范围.

解 首先将函数拆分成整数和真分式的差,然后利用 4.2 节例 1 的结论,可得
$$\begin{aligned}\frac{z}{z+2}&=1-\frac{2}{z+2}\\ &=1-\frac{2}{3+(z-1)}\\ &=1-\frac{2}{3}\cdot\frac{1}{1+\frac{z-1}{3}}\\ &=1-\frac{2}{3}\sum_{n=0}^{+\infty}(-1)^n\left(\frac{z-1}{3}\right)^n\\ &=\frac{1}{3}-\frac{2}{3}\sum_{n=1}^{+\infty}\left(-\frac{1}{3}\right)^n(z-1)^n\quad(|z-1|<3).\end{aligned}$$

2. 零点

若函数 $f(z)$ 在点 z_0 处解析,且 $f(z_0)=0$,则称 z_0 为 $f(z)$ 的**零点**. 设函数 $f(z)$ 在点 z_0 的某个邻域内的泰勒展开式为
$$f(z)=c_1(z-z_0)+c_2(z-z_0)^2+\cdots+c_n(z-z_0)^n+\cdots,$$
则对泰勒系数而言,可能有下列两种情形:

(1) $c_n=0(n=1,2,\cdots)$,此时函数 $f(z)$ 在点 z_0 的某个邻域内恒为零.

(2) 存在正整数 m,使得 $c_m\neq 0$,而当 $n<m$ 时,$c_n=0(n=1,2,\cdots,m-1)$,那么称 z_0 为函数 $f(z)$ 的 m **阶零点**. 当 $m=1$ 时又称为**单零点**,当 $m>1$ 时也称为 m **重零点**.

m 阶零点还有另外一种定义. 若存在正整数 m,使得
$$f(z_0)=f'(z_0)=f''(z_0)=\cdots=f^{(m-1)}(z_0)=0,\quad f^{(m)}(z_0)\neq 0,\tag{4.9}$$
则称 z_0 为函数 $f(z)$ 的 m 阶零点.

定理 4.3.3 设解析函数 $f(z)$ 不恒为零,则点 z_0 为 $f(z)$ 的 m 阶零点的充要条件是:
$$f(z)=(z-z_0)^m\varphi(z),\tag{4.10}$$

其中 $\varphi(z_0) \neq 0$,且 $\varphi(z)$ 在点 z_0 处解析.

证明 必要性. 由题设及 m 阶零点的定义式(4.9)可得,函数 $f(z)$ 在点 z_0 处的泰勒展开式为

$$f(z) = \frac{f^{(m)}(z_0)}{m!}(z-z_0)^m + \frac{f^{(m+1)}(z_0)}{(m+1)!}(z-z_0)^{m+1} + \cdots$$

$$= (z-z_0)^m \left[\frac{f^{(m)}(z_0)}{m!} + \frac{f^{(m+1)}(z_0)}{(m+1)!}(z-z_0) + \cdots \right].$$

显然,只要令

$$\varphi(z) = \frac{f^{(m)}(z_0)}{m!} + \frac{f^{(m+1)}(z_0)}{(m+1)!}(z-z_0) + \cdots,$$

则有 $\varphi(z_0) \neq 0$ 且 $\varphi(z)$ 在点 z_0 处解析,从而可得式(4.10)成立.

充分性证明可直接由解析函数 $\varphi(z)$ 在点 z_0 处的泰勒展开式,以及 $\varphi(z_0) \neq 0$ 证得.

例6 设函数 $f(z) = z - \sin z$. 问: $z_0 = 0$ 是不是 $f(z)$ 的零点? 如果是,请指出该零点的阶数.

解 显然,函数 $f(z) = z - \sin z$ 是复平面上的解析函数,且 $f(0) = 0$,所以 $z_0 = 0$ 是 $f(z)$ 的零点. 接下来说明该零点的阶数.

方法一 函数 $f(z)$ 在点 $z_0 = 0$ 处的泰勒展开式为

$$f(z) = z - \sin z = z - \left(z - \frac{z^3}{3!} + \frac{z^5}{5!} - \cdots \right) = z^3 \left(\frac{1}{3!} - \frac{z^2}{5!} + \cdots \right),$$

故由定理4.3.3知, $z_0 = 0$ 为 $f(z)$ 的3阶零点.

方法二 因为

$$f'(z) = 1 - \cos z, \quad f'(0) = 1 - 1 = 0,$$
$$f''(z) = \sin z, \quad f''(0) = 0,$$
$$f'''(z) = \cos z, \quad f'''(0) = 1 \neq 0,$$

所以根据 m 阶零点的定义式(4.9)知, $z_0 = 0$ 为 $f(z)$ 的3阶零点.

例7 求函数 $f(z) = \sin z - 1$ 的全部零点,并分别指出各零点的阶数.

解 函数 $f(z) = \sin z - 1$ 在复平面上解析,由 $\sin z - 1 = 0$ 可得

$$e^{iz} - e^{-iz} = 2i, \quad 即 \quad (e^{iz} - i)^2 = 0,$$

从而解得

$$z_k = \frac{\pi}{2} + 2k\pi \quad (k \in \mathbf{Z})$$

为 $f(z) = \sin z - 1$ 在复平面上的全部零点.

又

$$f'(z) = \cos z, \quad f'(z_k) = 0,$$
$$f''(z) = -\sin z, \quad f''(z_k) = -1 \neq 0,$$

所以 $z_k(k \in \mathbf{Z})$ 均为函数 $f(z) = \sin z - 1$ 的 2 阶零点.

在定理 4.3.3 的条件下,我们可以找到正数 ε,使得当 $0 < |z - z_0| < \varepsilon$ 时,有 $\varphi(z) \neq 0$,从而可得 $f(z) \neq 0$. 也就是说,存在点 z_0 的一个邻域,使得 z_0 是函数 $f(z)$ 的唯一零点. 由此可得以下定理.

定理 4.3.4 设函数 $f(z)$ 在点 z_0 处解析,且 z_0 是它的一个零点,则要么 $f(z)$ 在点 z_0 的某个邻域内恒等于零,要么存在点 z_0 的一个邻域,在该邻域内 z_0 是 $f(z)$ 的唯一零点.

上述定理的结论中的第二种情形称为非零解析函数零点的孤立性. 但是,对非零实变可微函数来说,其零点不一定是孤立的. 例如,实变函数

$$f(x) = \begin{cases} x^2 \sin \dfrac{1}{x}, & x \neq 0, \\ 0, & x = 0 \end{cases}$$

在点 $x = 0$ 处可微,在实轴上其他点处也处处可微,且 $x = 0$ 为它的一个零点. 但是

$$x_n = \pm \frac{1}{n\pi} \quad (n = 1, 2, \cdots)$$

也是函数 $f(x)$ 的零点,并且当 $n \to +\infty$ 时,$x_n \to 0$,即 $x = 0$ 为聚点,所以 $x = 0$ 不是孤立的零点.

推论 1 设函数 $f(z)$ 在点 a 的邻域 $K: |z - a| < R$ 内解析,在 K 内存在点列 $\{z_k\}_{k=1}^{+\infty}(z_k \neq a)$ 收敛于 a,且 $f(z_k) = 0$,则 $f(z)$ 在 K 内恒等于零.

证明 由题设知函数 $f(z)$ 在点 a 处连续,且 $f(z_k) = 0$,我们令 $k \to +\infty$,可得 $f(a) = 0$. 也就是说,点 a 不是函数 $f(z)$ 的孤立零点,所以由定理 4.3.4 得 $f(z)$ 在点 a 的邻域 K 内恒等于零.

注 为了便于应用,推论 1 中的存在点列收敛这一条件可用更强的条件"$f(z)$ 在 K 内的某一子域(或某一小段弧)上恒等于零"来替换. 我们将在定理 4.3.5 的一般性的证明中用到这一条件.

3. 解析函数的唯一性

对于一个不加任何条件限制的复变函数,我们无法从其定义域中某一部分的取值情况来断定它在其他部分的函数值. 但是对解析函数来说,情况就完全不同了. 柯西积分公式告诉我们,解析函数在边界 C 上的值可以决定其在 C 的内部的一切值. 接下来要介绍的解析函数的唯一性定理将告诉我们,已知某一解析函数在其定义域内某些部分的值,那么该函数在其定义域内其他部分的值就可以完全被确定了.

定理 4.3.5 设函数 $f(z)$ 和 $g(z)$ 在区域 D 内解析. 如果对点 $a \in D$,在 D 内存在点列 $\{z_k\}_{k=1}^{+\infty}(z_k \neq a)$ **收敛于** a,且 $f(z_k) = g(z_k)(k = 1, 2, \cdots)$,那么在 D 内有 $f(z) = g(z)$.

证明 令函数 $H(z)=f(z)-g(z)$，下面我们只要证明在区域 D 内 $H(z)=0$ 成立即可.

方法一 首先我们证明：存在点 a 的邻域 $K:|z-a|<R$，使得对任意的点 $z\in K$，有 $H(z)=0$ 成立.

由定理所给条件知，函数 $H(z)$ 在点 a 的邻域 K 内解析且存在收敛于 a 的点列 $\{z_k\}_{k=1}^{+\infty}(z_k\neq a)$，使得 $H(z_k)=f(z_k)-g(z_k)=0$，则由推论 1 可得在 K 内 $H(z)=0$.

接下来证明：若函数 $H(z)$ 在区域 D 内的某个圆盘上恒等于零，则 $H(z)$ 在 D 内恒等于零. 我们用圆链法来证明.

设 b 是区域 D 内任意固定的一点（见图 4-1），在 D 内可作一条折线 L 连接点 a,b，L 到 D 的边界的最短距离为 $r(r>0)$. 在折线 L 上依次取点 $a_0=a,a_1,a_2,\cdots,a_n=b$，使相邻两点间的距离小于定数 $d(0<d<r)$.

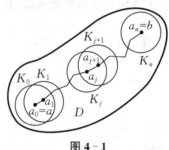

图 4-1

显然，函数 $H(z)$ 在圆盘 $K_0:|z-a_0|<d$ 内恒等于零，线段 $a_0a_1\subset K_0$，所以在线段 a_0a_1 上 $H(z)$ 恒等于零. 同时线段 $a_0a_1\subset K_1:|z-a_1|<d$，于是又在圆盘 K_1 内应用推论 1，即得 $H(z)$ 在 K_1 内恒等于零. 以此类推，重复应用推论 1，直到最后一个包含点 b 的圆盘为止，在该圆盘内 $H(z)$ 恒等于零，从而得到 $H(b)=0$. 最后由点 b 的任意性可得，在区域 D 内函数 $H(z)$ 恒等于零.

由定理 4.3.5 的证明过程可得结论：若函数 $H(z)$ 在解析区域 D 内的某个圆盘上恒等于零，则 $H(z)$ 在 D 内恒等于零. 再结合定理 4.3.4，可得如下推论.

推论 2 如果函数 $f(z)$ 在区域 D 内解析，且不恒等于零，那么对于 $f(z)$ 的每个零点 z_0，均存在一个邻域，在该邻域内 z_0 是 $f(z)$ 的唯一零点.

由推论 2，我们可以得到定理 4.3.5 的另一种证明方法——反证法.

方法二 假设在区域 D 内，解析函数 $H(z)$ 不恒等于零. 由题设条件易得点列 $\{z_k\}_{k=1}^{+\infty}(z_k\neq a)$ 及其极限点 a 都是函数 $H(z)$ 的零点，且因为 a 是聚点，所以不存在 a 的一个邻域，在该邻域内 a 是 $H(z)$ 的唯一零点，与推论 2 中非零解析函数每个零点的唯一性产生矛盾，因此 $H(z)$ 恒等于零.

由定理 4.3.5 易得如下推论.

推论 3 设函数 $f(z)$ 和 $g(z)$ 在区域 D 内解析. 若在某一子域（或某一

小段弧)上有 $f(z)=g(z)$,则在 D 内必有 $f(z)=g(z)$.

推论 4 一切在实轴上成立的恒等式,只要这个恒等式等号两端的函数在复平面上都是解析的,那么这个恒等式在复平面上也成立.

例如,在复平面上也可以得到恒等式 $\sin^2 z + \cos^2 z = 1$,$\sin 2z = 2\sin z \cos z$ 等.

解析函数的唯一性定理揭示了解析函数一条非常深刻的性质:解析函数在区域 D 内的局部值决定了该函数在 D 内的整体值,即解析函数的局部与整体间有着十分紧密的内在联系.

例 8 是否存在满足条件
$$f\left(\frac{1}{2n-1}\right)=0, \quad f\left(\frac{1}{2n}\right)=\frac{1}{2n} \quad (n=1,2,\cdots),$$
且在原点解析的函数 $f(z)$?

解 因为点列 $\left\{\dfrac{1}{2n}\right\}_{n=1}^{+\infty}$ 以原点为聚点,所以由定理 4.3.5 知,满足条件 $f\left(\dfrac{1}{2n}\right)=\dfrac{1}{2n}$ 且在原点解析的唯一函数是 $f(z)=z$. 但它却不满足条件 $f\left(\dfrac{1}{2n-1}\right)=0$,因此不存在满足题设条件且在原点解析的函数.

● 4.4 解析函数的洛朗展开式

在上一节中,我们讨论了解析函数的幂级数展开式,但是如果函数在点 z_0 处不解析,那么函数就不能在点 z_0 处展开成幂级数的形式了. 我们将在本节引入解析函数的另一种重要级数——洛朗级数,并介绍如何将一个解析函数展开成洛朗级数.

1. 双边幂级数

首先考虑下面两个级数
$$c_0 + c_1(z-a) + c_2(z-a)^2 + \cdots + c_n(z-a)^n + \cdots, \quad (4.11)$$
$$c_{-1}(z-a)^{-1} + c_{-2}(z-a)^{-2} + \cdots + c_{-n}(z-a)^{-n} + \cdots. \quad (4.12)$$
我们发现级数(4.11)是前面讨论过的幂级数,它在收敛圆 $|z-a|<R$ ($0<R\leqslant +\infty$) 内的和函数为一解析函数 $f_1(z)$. 对于级数(4.12),令
$$\zeta = \frac{1}{z-a},$$
则该级数可化为幂级数
$$c_{-1}\zeta + c_{-2}\zeta^2 + \cdots + c_{-n}\zeta^n + \cdots,$$
它在区域
$$|\zeta| < \frac{1}{r} \quad \left(0 < \frac{1}{r} \leqslant +\infty\right)$$

内收敛到某一解析函数 $f_2(z)$，即级数(4.12)在区域 $|z-a|>r(0\leqslant r<+\infty)$ 内收敛到解析函数 $f_2(z)$.

综上可得，当且仅当 $r<R$ 时，级数(4.11)和(4.12)有公共的收敛区域，即圆环

$$H: r<|z-a|<R \quad (0\leqslant r<R<+\infty).$$

在收敛圆环 H 内，我们把级数(4.11)与(4.12)之和

$$\cdots+c_{-n}(z-a)^{-n}+\cdots+c_{-2}(z-a)^{-2}+c_{-1}(z-a)^{-1}+c_0+c_1(z-a)$$
$$+c_2(z-a)^2+\cdots+c_n(z-a)^n+\cdots$$

称为**双边幂级数**，记作

$$\sum_{n=-\infty}^{+\infty}c_n(z-a)^n. \tag{4.13}$$

双边幂级数(4.13)中的幂级数(4.11)部分称为它的**解析部分**，级数(4.12)部分称为它的**主要部分**.

由上述讨论及定理 4.2.4 可得下述定理.

定理 4.4.1 设双边幂级数(4.13)的收敛圆环为

$$H: r<|z-a|<R \quad (0\leqslant r<R\leqslant+\infty),$$

则

(1) 双边幂级数(4.13)在 H 内绝对收敛且内闭一致收敛于解析函数 $f(z)$，且

$$f(z)=f_1(z)+f_2(z);$$

(2) 函数 $f(z)$ 在 H 内可逐项求导任意次；

(3) 函数 $f(z)$ 可沿 H 内任意曲线 C 逐项积分.

2. 解析函数的洛朗展开式

上面讲到双边幂级数(4.13)的和函数是一个在收敛圆环内解析的函数，接下来我们证明收敛圆环内的解析函数可展开成双边幂级数的形式.

定理 4.4.2（洛朗定理） 设函数 $f(z)$ 在圆环

$$H: r<|z-a|<R \quad (0\leqslant r<R\leqslant+\infty)$$

内解析，则在 H 内有

$$f(z)=\sum_{n=-\infty}^{+\infty}c_n(z-a)^n, \tag{4.14}$$

其中

$$c_n=\frac{1}{2\pi i}\oint_\gamma \frac{f(\zeta)}{(\zeta-a)^{n+1}}d\zeta \quad (n\in \mathbf{Z}), \tag{4.15}$$

这里 γ 是以点 a 为圆心、ρ 为半径 ($r<\rho<R$) 的任意圆周 $|z-a|=\rho$. 并且展开式(4.14)是唯一的，即展开式中的系数 c_n 由函数 $f(z)$ 及圆环 H 唯一确定.

我们把式(4.14)称为函数 $f(z)$ 在点 a 的**洛朗展开式**,等号右端的级数称为**洛朗级数**,式(4.15)称为函数 $f(z)$ 在点 a 的**洛朗系数**.

证明 任取点 $z \in H$,作含于 H 内的两个圆周
$$\Gamma_1: |\zeta-a|=\rho_1, \quad \Gamma_2: |\zeta-a|=\rho_2 \quad (\rho_1<\rho_2),$$
使得点 z 含于圆环 $\rho_1<|\zeta-a|<\rho_2$ 内(见图 4-2).

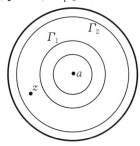

图 4-2

因为函数 $f(z)$ 在闭圆环 $\rho_1 \leqslant |\zeta-a| \leqslant \rho_2$ 内解析,所以由柯西积分公式可得
$$f(z)=\frac{1}{2\pi \mathrm{i}}\oint_{\Gamma_2}\frac{f(\zeta)}{\zeta-z}\mathrm{d}\zeta-\frac{1}{2\pi \mathrm{i}}\oint_{\Gamma_1}\frac{f(\zeta)}{\zeta-z}\mathrm{d}\zeta. \tag{4.16}$$

接下来,类似于泰勒定理的证明过程,我们还是利用展开式
$$\frac{1}{1-z}=\sum_{n=0}^{+\infty}z^n \quad (|z|<1)$$
将式(4.16)等号右端的两个积分表示成 $z-a$ 的(正或负)幂次的级数形式.

对于第一个积分,只要照抄泰勒定理证明过程中的相应部分,就可得到
$$\frac{1}{2\pi \mathrm{i}}\oint_{\Gamma_2}\frac{f(\zeta)}{\zeta-z}\mathrm{d}\zeta=\sum_{n=0}^{+\infty}c_n(z-a)^n,$$
其中
$$c_n=\frac{1}{2\pi \mathrm{i}}\oint_{\Gamma_2}\frac{f(\zeta)}{(\zeta-a)^{n+1}}\mathrm{d}\zeta \quad (n=0,1,2,\cdots).$$

对于第二个积分,因为 $\zeta \in \Gamma_1$,所以
$$\left|\frac{\zeta-a}{z-a}\right|=\frac{\rho_1}{|z-a|}<1,$$
于是
$$-\frac{f(\zeta)}{\zeta-z}=\frac{f(\zeta)}{(z-a)-(\zeta-a)}$$
$$=\frac{f(\zeta)}{z-a}\cdot\frac{1}{1-\dfrac{\zeta-a}{z-a}}$$
$$=\frac{f(\zeta)}{z-a}\sum_{n=0}^{+\infty}\left(\frac{\zeta-a}{z-a}\right)^n.$$

上式两端乘以 $\dfrac{1}{2\pi \mathrm{i}}$ 再逐项积分可得

$$-\frac{1}{2\pi i}\oint_{\Gamma_1}\frac{f(\zeta)}{\zeta-z}\mathrm{d}\zeta=\sum_{n=1}^{+\infty}c_{-n}(z-a)^{-n},$$

其中

$$c_{-n}=\frac{1}{2\pi i}\oint_{\Gamma_1}\frac{f(\zeta)}{(\zeta-a)^{-n+1}}\mathrm{d}\zeta \quad (n=1,2,\cdots).$$

综上可得

$$f(z)=\sum_{n=0}^{+\infty}c_n(z-a)^n+\sum_{n=1}^{+\infty}c_{-n}(z-a)^{-n}=\sum_{n=-\infty}^{+\infty}c_n(z-a)^n.$$

再由定理 3.2.4，对任意圆周 $\gamma:|z-a|=\rho(r<\rho<R)$，均有

$$c_n=\frac{1}{2\pi i}\oint_{\gamma}\frac{f(\zeta)}{(\zeta-a)^{n+1}}\mathrm{d}\zeta \quad (n\in\mathbf{Z}).$$

最后证明展开式的唯一性.

若函数 $f(z)$ 在圆环 H 内又可展开成

$$f(z)=\sum_{n=-\infty}^{+\infty}d_n(z-a)^n,$$

则由定理 4.4.1 可知 $f(z)$ 在圆周 $\gamma:|z-a|=\rho(r<\rho<R)$ 上一致收敛，$f(z)$ 乘以 γ 上的有界函数 $\dfrac{1}{(z-a)^{m+1}}$ 后仍一致收敛，故由逐项积分公式得

$$\oint_{\gamma}\frac{f(z)}{(z-a)^{m+1}}\mathrm{d}z=\sum_{n=-\infty}^{+\infty}d_n\oint_{\gamma}(z-a)^{n-m-1}\mathrm{d}z.$$

由第三章 3.1 节中例 2 的结论知，上式等号右端中的积分仅当 $n=m$ 时积分值为 $2\pi i$，其余各项均为零，因此

$$d_m=\frac{1}{2\pi i}\oint_{\gamma}\frac{f(z)}{(z-a)^{m+1}}\mathrm{d}z=c_m \quad (m\in\mathbf{Z}).$$

至此，定理证毕.

注 定理 4.4.2 中的 γ 可以是圆环 H 内的任意简单闭曲线，证明过程类似.

当函数 $f(z)$ 在点 a 处解析时，把以 a 为圆心、a 到 $f(z)$ 的最近奇点 z_0 的距离 $|a-z_0|$ 为半径的圆看成圆环的特殊情形，那么 $f(z)$ 在这个圆环上的洛朗展开式中所有负幂次项均为零，因此该级数就是泰勒级数. 于是，我们可以把泰勒级数看成洛朗级数的特殊情形.

例 1 求函数

$$f(z)=\frac{1}{(z-1)(z-2)}$$

分别在圆环 $1<|z|<2$ 及 $2<|z|<+\infty$ 内的洛朗展开式.

解 首先把函数 $f(z)$ 分解：

$$f(z)=\frac{1}{(z-1)(z-2)}=\frac{1}{z-2}-\frac{1}{z-1}.$$

(1) 当 $1<|z|<2$ 时,有 $\dfrac{|z|}{2}<1$,则

$$\frac{1}{z-2}=-\frac{1}{2}\cdot\frac{1}{1-\dfrac{z}{2}}=-\frac{1}{2}\sum_{n=0}^{+\infty}\left(\frac{z}{2}\right)^n=-\sum_{n=0}^{+\infty}\frac{z^n}{2^{n+1}}.$$

又 $\dfrac{1}{|z|}<1$,所以

$$-\frac{1}{z-1}=-\frac{1}{z}\cdot\frac{1}{1-\dfrac{1}{z}}=-\frac{1}{z}\sum_{n=0}^{+\infty}\left(\frac{1}{z}\right)^n=-\sum_{n=1}^{+\infty}\frac{1}{z^n}. \quad (4.17)$$

于是

$$f(z)=-\sum_{n=0}^{+\infty}\frac{z^n}{2^{n+1}}-\sum_{n=1}^{+\infty}\frac{1}{z^n}\quad(1<|z|<2).$$

(2) 当 $2<|z|<+\infty$ 时,有 $\dfrac{1}{|z|}<1$,则式(4.17)依然成立.又 $\dfrac{2}{|z|}<1$,所以

$$\frac{1}{z-2}=\frac{1}{z}\cdot\frac{1}{1-\dfrac{2}{z}}=\frac{1}{z}\sum_{n=1}^{+\infty}\left(\frac{2}{z}\right)^n=\sum_{n=1}^{+\infty}\frac{2^{n-1}}{z^n}.$$

于是

$$f(z)=\sum_{n=1}^{+\infty}\frac{2^{n-1}}{z^n}-\sum_{n=1}^{+\infty}\frac{1}{z^n}=\sum_{n=2}^{+\infty}\frac{2^{n-1}-1}{z^n}\quad(2<|z|<+\infty).$$

由例1可以看出,同一函数在不同圆环型解析区域内的洛朗展开式是不同的.

例2 求函数

$$f(z)=\frac{1}{(z-1)(z-3)^2}$$

在圆环 $2<|z-1|<+\infty$ 内的洛朗展开式.

解 这里我们只要求出函数 $\dfrac{1}{(z-3)^2}$ 在圆环 $2<|z-1|<+\infty$ 内的洛朗展开式.为此,我们先把函数 $\dfrac{1}{z-3}$ 在圆环 $2<|z-1|<+\infty$ 内展开成洛朗级数.因为 $\dfrac{2}{|z-1|}<1$,所以

$$\frac{1}{z-3}=\frac{1}{z-1}\cdot\frac{1}{1-\dfrac{2}{z-1}}=\sum_{n=1}^{+\infty}\frac{2^{n-1}}{(z-1)^n}.$$

又

$$\frac{1}{(z-3)^2}=-\left(\frac{1}{z-3}\right)'=-\sum_{n=1}^{+\infty}\left[\frac{2^{n-1}}{(z-1)^n}\right]'=\sum_{n=1}^{+\infty}\frac{n2^{n-1}}{(z-1)^{n+1}},$$

从而可得

$$f(z) = \sum_{n=3}^{+\infty} \frac{(n-2)2^{n-3}}{(z-1)^n} \quad (2 < |z-1| < +\infty).$$

例 3 求函数

$$f(z) = \sin \frac{z}{z-1}$$

在圆环 $0 < |z-1| < +\infty$ 内的洛朗展开式.

解 $f(z) = \sin \dfrac{z}{z-1} = \sin\left(1 + \dfrac{1}{z-1}\right)$

$= \sin 1 \cos \dfrac{1}{z-1} + \cos 1 \sin \dfrac{1}{z-1}$

$= \sin 1 \sum\limits_{n=0}^{+\infty} \dfrac{(-1)^n}{(2n)!}(z-1)^{-2n}$

$+ \cos 1 \sum\limits_{n=1}^{+\infty} \dfrac{(-1)^{n-1}}{(2n-1)!}(z-1)^{-2n+1}.$

例 4 求函数

$$f(z) = e^z + e^{\frac{1}{z}}$$

在圆环 $0 < |z| < +\infty$ 内的洛朗展开式.

解 $f(z) = e^z + e^{\frac{1}{z}}$

$= \sum\limits_{n=0}^{+\infty} \dfrac{z^n}{n!} + \sum\limits_{n=0}^{+\infty} \dfrac{1}{n!} z^{-n}$

$= 2 + \sum\limits_{n=1}^{+\infty} \dfrac{z^n}{n!} + \sum\limits_{n=1}^{+\infty} \dfrac{1}{n!} z^{-n}.$

由以上例题可以看出,求初等函数的洛朗展开式,主要是利用已知解析函数的泰勒展开式间接求得,而不是利用洛朗定理中的洛朗系数公式(4.15)直接求得. 然而,我们可以利用洛朗系数公式(4.15)来计算某些闭曲线上的积分.

例 5 计算积分

$$\frac{1}{2\pi i} \oint_C e^{\frac{1}{z-1}} dz,$$

其中 C 为圆周 $|z| = 2$.

解 本题我们利用被积函数在圆环 $1 < |z| < +\infty$ 内的洛朗展开式,并通过逐项积分来计算原积分值.

$\dfrac{1}{2\pi i} \oint_C e^{\frac{1}{z-1}} dz = \dfrac{1}{2\pi i} \oint_C \sum\limits_{n=0}^{+\infty} \dfrac{1}{n!} \cdot \dfrac{1}{(z-1)^n} dz$

$= \dfrac{1}{2\pi i} \sum\limits_{n=0}^{+\infty} \dfrac{1}{n!} \oint_C \dfrac{1}{(z-1)^n} dz$

$$=\frac{1}{2\pi i}\cdot\frac{1}{1!}\cdot 2\pi i=1.$$

例6 计算积分
$$\frac{1}{2\pi i}\oint_C \sin\frac{z}{z-1}dz,$$
其中 C 为圆周 $|z|=2$.

解 由例3知被积函数在圆环 $0<|z-1|<+\infty$ 内的洛朗展开式为
$$\sin\frac{z}{z-1}=\sin 1\sum_{n=0}^{+\infty}\frac{(-1)^n}{(2n)!}(z-1)^{-2n}$$
$$+\cos 1\sum_{n=1}^{+\infty}\frac{(-1)^{n-1}}{(2n-1)!}(z-1)^{-2n+1},$$

展开式中项 $\dfrac{1}{z-1}$ 的系数 $c_{-1}=\cos 1$. 又由公式 (4.15) 知
$$c_{-1}=\frac{1}{2\pi i}\oint_\gamma \sin\frac{z}{z-1}dz,$$
其中 γ 为圆环 $0<|z-1|<+\infty$ 内的任意简单闭曲线. 所以
$$\frac{1}{2\pi i}\oint_C \sin\frac{z}{z-1}dz=\cos 1.$$

习题四

1. 填空题：

(1) 幂级数 $\sum\limits_{n=0}^{+\infty}\dfrac{n}{3^n}(z+i)^n$ 的收敛半径为_____；

(2) 若幂级数 $\sum\limits_{n=0}^{+\infty}c_n(z+i)^n$ 在点 $z=3i$ 处条件收敛，则该幂级数的收敛半径为_____；

(3) $z=0$ 作为函数 $z^2(\sin z-2z)$ 零点的阶数是_____；

(4) 函数 $\dfrac{1}{1+\cos z}$ 在点 $z=0$ 处的泰勒展开式中，z^3 项的系数为_____；

(5) 函数 $\dfrac{1}{z(z-i)}$ 在圆环 $1<|z-i|<+\infty$ 内的洛朗展开式为_____.

2. 单项选择题：

(1) 下列复级数中绝对收敛的是（　　）；

A. $\sum\limits_{n=1}^{+\infty}\left[\dfrac{(-1)^n}{n}+\dfrac{i}{n^2}\right]$ 　　　　B. $\sum\limits_{n=1}^{+\infty}\cos in$

C. $\sum\limits_{n=1}^{+\infty} \dfrac{(1+i)^n}{n!}$ D. $\sum\limits_{n=1}^{+\infty} e^{\frac{\pi i}{n}}$

(2) 下列结论中不正确的是(　　);

A. 若实级数 $\sum\limits_{n=1}^{+\infty} a_n$ 和 $\sum\limits_{n=1}^{+\infty} b_n$ 都绝对收敛,则复级数 $\sum\limits_{n=1}^{+\infty} (a_n+ib_n)$ 也绝对收敛

B. 若实级数 $\sum\limits_{n=1}^{+\infty} a_n$ 和 $\sum\limits_{n=1}^{+\infty} b_n$ 都条件收敛,则复级数 $\sum\limits_{n=1}^{+\infty} (a_n+ib_n)$ 也条件收敛

C. 若复级数 $\sum\limits_{n=1}^{+\infty} \alpha_n$ 和 $\sum\limits_{n=1}^{+\infty} \beta_n$ 都绝对收敛,则复级数 $\sum\limits_{n=1}^{+\infty} (\alpha_n+i\beta_n)$ 也绝对收敛

D. 若复级数 $\sum\limits_{n=1}^{+\infty} \alpha_n$ 和 $\sum\limits_{n=1}^{+\infty} \beta_n$ 都条件收敛,则复级数 $\sum\limits_{n=1}^{+\infty} (\alpha_n+i\beta_n)$ 也条件收敛

(3) 设幂级数 $\sum\limits_{n=1}^{+\infty} c_n (z-1)^n$ 在点 $z=i$ 处收敛,则它在点 $z=-i$ 处(　　);

A. 发散 B. 绝对收敛
C. 条件收敛 D. 敛散性不确定

(4) 设 a,b 为非零复数,则函数 $f(z) = \dfrac{1}{az+b}$ 在点 $z=0$ 处的幂级数的收敛半径为(　　);

A. $|a|$ B. $|b|$
C. $\left|\dfrac{a}{b}\right|$ D. $\left|\dfrac{b}{a}\right|$

(5) 幂级数 $\sum\limits_{n=0}^{+\infty} \dfrac{n+1}{2^n} z^n$ 的和函数为(　　);

A. $\dfrac{4}{(z+2)^2} (|z|<2)$ B. $\dfrac{4}{(z-2)^2} (|z|<2)$
C. $\dfrac{1}{(2z+1)^2} (|z|<2)$ D. $\dfrac{1}{(1-2z)^2} (|z|<2)$

(6) 洛朗级数 $\sum\limits_{n=-\infty}^{+\infty} 3^{-|n|} (z-3)^n$ 的收敛圆环是(　　).

A. $\dfrac{1}{3} < |z| < 3$ B. $3 < |z-3| < +\infty$
C. $\dfrac{1}{3} < |z-3| < 3$ D. $0 < |z-3| < 3$

3. 判断下列级数的敛散性,若收敛,指出是条件收敛还是绝对收敛:

(1) $\sum\limits_{n=1}^{+\infty} \dfrac{i^n}{n}$; (2) $\sum\limits_{n=2}^{+\infty} \dfrac{i^n}{\ln n}$;

(3) $\sum\limits_{n=0}^{+\infty} \dfrac{(6+5i)^n}{8^n}$; (4) $\sum\limits_{n=1}^{+\infty} \dfrac{\cos in}{2^n}$.

4. 幂级数 $\sum\limits_{n=0}^{+\infty} c_n(z-2)^n$ 能否在点 $z=4$ 处收敛而在点 $z=1$ 处发散?

5. 求下列幂级数的收敛半径:

(1) $\sum\limits_{n=1}^{+\infty} \dfrac{z^n}{n^p}$ $(p=1,2,\cdots)$;

(2) $\sum\limits_{n=1}^{+\infty} \dfrac{(n!)^2 z^n}{n^n}$;

(3) $\sum\limits_{n=0}^{+\infty} (1+\mathrm{i})^n z^n$;

(4) $\sum\limits_{n=1}^{+\infty} \mathrm{e}^{\mathrm{i}\frac{\pi}{n}} z^n$;

(5) $\sum\limits_{n=1}^{+\infty} \left(\dfrac{z}{\ln \mathrm{i} n}\right)^n$.

6. 已知幂级数 $\sum\limits_{n=1}^{+\infty} C_n z^n$ 的收敛半径为 R,证明:幂级数 $\sum\limits_{n=1}^{+\infty} (\operatorname{Re} C_n) z^n$ 的收敛半径大于或等于 R.

7. 将下列函数展开成 z 的幂级数,并指出其收敛半径:

(1) $\dfrac{1}{1+z^3}$;

(2) $\dfrac{1}{(1+z^2)^2}$;

(3) $\cos z^2$;

(4) $\mathrm{e}^{z^2} \sin z^2$.

8. 求下列函数在指定点 z_0 处的泰勒展开式,并指出其收敛半径:

(1) $\dfrac{z-1}{1+z}, z_0=1$;

(2) $\dfrac{z}{(z+1)(z+2)}, z_0=2$;

(3) $\dfrac{1}{z^2}, z_0=-1$;

(4) $\arctan z, z_0=0$.

9. 设函数 $f(z)=\dfrac{z}{z^4+9}$,求 $f^{(8)}(0)$ 的值.

10. 求幂级数 $\sum\limits_{n=1}^{+\infty} n^2 z^n$ 的和函数,并计算级数 $\sum\limits_{n=1}^{+\infty} \dfrac{n^2}{2^n}$ 的和.

11. 设函数 $f(z)=\sum\limits_{n=0}^{+\infty} a_n z^n (|z|<R_1)$,$g(z)=\sum\limits_{n=0}^{+\infty} b_n z^n (|z|<R_2)$,证明:对任意的 $r(0<r<R_1)$,有

$$\sum_{n=0}^{+\infty} a_n b_n z^n = \dfrac{1}{2\pi \mathrm{i}} \oint_{|\xi|=r} f(\xi) g\left(\dfrac{z}{\xi}\right) \dfrac{\mathrm{d}\xi}{\xi} \quad (|z|<rR_2).$$

12. 求下列函数在指定圆环内的洛朗展开式:

(1) $\dfrac{1}{(1+z^2)(z-2)}, 1<|z|<2$;

(2) $\dfrac{1}{z(1-z)^2}, 0<|z|<1, 0<|z-1|<1$;

(3) $\mathrm{e}^{\frac{1}{1-z}}, 1<|z|<+\infty$;

(4) $\sin \dfrac{1}{1-z}, 0<|z-1|<+\infty$.

复变函数

13. 是否存在分别满足下列条件且在原点解析的函数 $f(z)$？

(1) $f\left(\dfrac{1}{n}\right) = \dfrac{1}{n+1} \ (n=1,2,\cdots)$；

(2) $f\left(\dfrac{1}{2n-1}\right) = f\left(\dfrac{1}{2n}\right) = \dfrac{1}{2n} \ (n=1,2,\cdots)$；

(3) $f\left(\dfrac{1}{n}\right) = \dfrac{n}{n+1} \ (n=1,2,\cdots)$.

第五章 留数和孤立奇点

柯西积分定理及其推广告诉我们,如果函数在简单闭曲线上及其内部解析,那么函数在该区域内任意简单闭曲线上的积分值都为零.而函数在简单闭曲线内存在奇点的话,函数在该曲线上的积分值又是多少呢?通过本章的学习我们将会知道,如果函数在简单闭曲线内存在有限多个孤立奇点,那么函数在该曲线上的积分值与孤立奇点处的留数有关.本章我们将从留数的角度,结合泰勒级数和洛朗级数继续讲解柯西积分理论.

5.1 留数

1. 有限点处的留数

若 z_0 是函数 $f(z)$ 的奇点,且 $f(z)$ 在点 z_0 的去心邻域 $0<|z-z_0|<r$ 内解析,则称 z_0 为 $f(z)$ 的**孤立奇点**.由洛朗定理知,函数 $f(z)$ 在点 z_0 的某个去心邻域内可展开成洛朗级数

$$f(z)=\sum_{n=-\infty}^{+\infty}c_n(z-z_0)^n,$$

其中

$$c_n=\frac{1}{2\pi\mathrm{i}}\oint_\gamma\frac{f(\zeta)}{(\zeta-z_0)^{n+1}}\mathrm{d}\zeta \quad (n\in\mathbf{Z}),$$

这里 γ 是该去心邻域内的任意简单闭曲线.

当 $n=-1$ 时,我们把

$$c_{-1}=\frac{1}{2\pi\mathrm{i}}\oint_\gamma f(\zeta)\mathrm{d}\zeta$$

称为函数 $f(z)$ 在点 z_0 处的**留数**,记作

$$c_{-1}=\operatorname{Res}[f(z),z_0].$$

这里定义的留数是指函数 $f(z)$ 在点 z_0 处的洛朗展开式中项 $\dfrac{1}{z-z_0}$ 的系数,因此它与简单闭曲线 γ 的选取无关.

由留数的定义可得

$$\oint_\gamma f(\zeta)\mathrm{d}\zeta = 2\pi\mathrm{i}\mathrm{Res}[f(z),z_0], \tag{5.1}$$

其中 γ 为函数 $f(z)$ 在点 z_0 的去心解析邻域内的任意简单闭曲线.

例 1 计算积分

$$\oint_C z^2 \sin\frac{1}{z} \mathrm{d}z,$$

其中 C 为圆周 $|z|=1$.

解 因为 $z_0 = 0$ 为被积函数的孤立奇点,且被积函数在区域 $0 < |z| < +\infty$ 内解析,曲线 C 在该区域内,所以我们只要求出被积函数在点 $z_0 = 0$ 处的留数,再由式(5.1)即可得所求积分值.

利用正弦函数 $\sin z$ 在点 $z_0 = 0$ 的泰勒展开式可得,在区域 $0 < |z| < +\infty$ 内有

$$z^2 \sin\frac{1}{z} = z^2 \sum_{n=1}^{+\infty} \frac{(-1)^{n-1}}{(2n-1)!z^{2n-1}} = z - \frac{1}{3!z} + \frac{1}{5!z^3} - \cdots,$$

因此

$$c_{-1} = \mathrm{Res}\left[z^2\sin\frac{1}{z},0\right] = -\frac{1}{3!} = -\frac{1}{6}.$$

于是

$$\oint_C z^2 \sin\frac{1}{z}\mathrm{d}z = 2\pi\mathrm{i}\mathrm{Res}\left[z^2\sin\frac{1}{z},0\right] = -\frac{\pi\mathrm{i}}{3}.$$

例 2 计算积分

$$\oint_C \mathrm{e}^{\frac{1}{z^2}} \mathrm{d}z,$$

其中 C 为圆周 $|z|=1$.

解 因为 $z_0 = 0$ 为被积函数的孤立奇点,且被积函数在区域 $0 < |z| < +\infty$ 内解析,曲线 C 在该区域内,所以我们只要求出被积函数在点 $z_0 = 0$ 处的留数,再由式(5.1)即可得所求积分值.

利用指数函数 e^z 在点 $z_0 = 0$ 的泰勒展开式可得,在区域 $0 < |z| < +\infty$ 内有

$$\mathrm{e}^{\frac{1}{z^2}} = \sum_{n=0}^{+\infty} \frac{1}{n!z^{2n}} = 1 + \frac{1}{z^2} + \frac{1}{2!z^4} + \cdots.$$

在该展开式中 $c_{-1} = 0$,因此

$$\oint_C \mathrm{e}^{\frac{1}{z^2}} \mathrm{d}z = 0.$$

例 3 计算积分

$$\oint_C \frac{1}{z(z-2)^4}\mathrm{d}z,$$

其中 C 为圆周 $|z-2|=1$.

解 被积函数在复平面上除去两个孤立奇点 $z_0=0, z_1=2$ 外均解析,而圆周 $C:|z-2|=1$ 位于被积函数的解析圆环 $K:0<|z-2|<2$ 内,即被积函数在 C 上及其内部除去孤立奇点 $z_1=2$ 外均解析. 因此,我们首先将被积函数在解析圆环 K 内展开成洛朗级数:

$$\frac{1}{z(z-2)^4}=\frac{1}{(z-2)^4}\cdot\frac{1}{2}\cdot\frac{1}{1+\frac{z-2}{2}}$$

$$=\sum_{n=0}^{+\infty}\frac{(-1)^n}{2^{n+1}}(z-2)^{n-4},$$

从而可得

$$c_{-1}=\text{Res}\left[\frac{1}{z(z-2)^4},2\right]=-\frac{1}{16}.$$

于是

$$\oint_C\frac{1}{z(z-2)^4}\mathrm{d}z=2\pi\mathrm{i}\left(-\frac{1}{16}\right)=-\frac{\pi\mathrm{i}}{8}.$$

2. 柯西留数定理

结合留数的定义及柯西积分定理在复周线上的推广,不难得到下列定理.

定理 5.1.1(柯西留数定理) 设函数 $f(z)$ 在由简单闭曲线或复周线

$$C=C_0+C_1^-+C_2^-+\cdots+C_n^-$$

所围成的区域 D 内除点 $a_1,a_2,\cdots,a_n$ 外解析(见图 5-1),且 $f(z)$ 在闭区域 $\overline{D}=D+C$ 上除 $a_1,a_2,\cdots,a_n$ 外连续,则

$$\oint_C f(z)\mathrm{d}z=2\pi\mathrm{i}\sum_{k=1}^n\text{Res}[f(z),a_k].$$

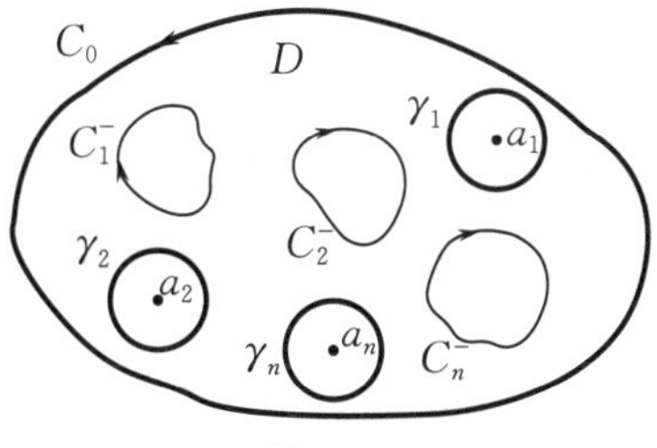

图 5-1

证明 作以点 a_k 为圆心、充分小的正数 r_k 为半径的圆 $\gamma_k:|z-a_k|=r_k(k=1,2,\cdots,n)$,使得这些圆周及其内部均含于区域 D 内,且彼此不相交. 应用柯西积分定理在复周线上的推广及留数的定义可得

$$\oint_C f(z)\mathrm{d}z=\sum_{k=1}^n\oint_{\gamma_k}f(z)\mathrm{d}z=2\pi\mathrm{i}\sum_{k=1}^n\text{Res}[f(z),a_k].$$

例 4 计算积分

$$\oint_C \frac{5z-2}{z(z-1)}dz,$$

其中 C 为圆周 $|z|=2$.

解 被积函数在复平面上除去两个孤立奇点 $z_0=0, z_1=1$ 外均解析,所以它在圆周 $C:|z|=2$ 上及其内部除去 $z_0=0, z_1=1$ 外均解析. 由柯西留数定理可得

$$\oint_C \frac{5z-2}{z(z-1)}dz = 2\pi i\left\{\mathrm{Res}\left[\frac{5z-2}{z(z-1)},0\right]+\mathrm{Res}\left[\frac{5z-2}{z(z-1)},1\right]\right\}$$
$$=10\pi i.$$

这里涉及两个留数的计算问题,我们可以同前面几个例题一样,分别通过被积函数在点 $z_0=0$ 和 $z_1=1$ 的洛朗展开式来求(读者自行练习). 这里我们采取另外一种更便捷的方法来求这个积分. 将被积函数分解:

$$\frac{5z-2}{z(z-1)}=\frac{2}{z}+\frac{3}{z-1}.$$

由上式可得

$$\mathrm{Res}\left[\frac{2}{z},0\right]=2, \quad \mathrm{Res}\left[\frac{3}{z-1},1\right]=3,$$

于是

$$\oint_C \frac{5z-2}{z(z-1)}dz = \oint_C \frac{2}{z}dz + \oint_C \frac{3}{z-1}dz$$
$$=2\pi i\left\{\mathrm{Res}\left[\frac{2}{z},0\right]+\mathrm{Res}\left[\frac{3}{z-1},1\right]\right\}$$
$$=10\pi i.$$

3. 无穷远点处的留数

显然,无穷远点 ∞ 是任一函数的奇点. 若存在一个足够大的正数 R,使得当 $R<|z|<+\infty$ 时,函数 $f(z)$ 解析,则称无穷远点 ∞ 是 $f(z)$ 的一个**孤立奇点**. 有时为了计算方便,我们需要考虑函数在无穷远点 ∞ 处的留数. 为此,我们将函数 $f(z)$ 在有限点 z_0 处的留数公式(5.1)推广到无穷远点 ∞ 的情形.

如果我们把圆周 $\Gamma:|z|=\rho>R$ 看成一条绕无穷远点 ∞ 的简单闭曲线,那么该曲线的正方向应该按顺时针方向取,记作 Γ^-.

我们把

$$\frac{1}{2\pi i}\oint_{\Gamma^-} f(\zeta)d\zeta$$

称为函数 $f(z)$ **在无穷远点 ∞ 处的留数**,记作

$$\mathrm{Res}[f(z),\infty].$$

设函数 $f(z)$ 在区域 $R<|z|<+\infty$ 内的洛朗展开式为
$$f(z)=\cdots+\frac{c_{-n}}{z^n}+\cdots+\frac{c_{-2}}{z^2}+\frac{c_{-1}}{z}+c_0+c_1z+c_2z^2+\cdots+c_nz^n+\cdots,$$
由逐项积分公式可得
$$\frac{1}{2\pi i}\oint_{\Gamma^-}f(\zeta)\mathrm{d}\zeta=-c_{-1}, \tag{5.2}$$
即 $f(z)$ 在无穷远点 ∞ 处的留数等于其洛朗展开式中负一次幂项系数的相反数.

定理 5.1.2 如果函数 $f(z)$ 在扩充复平面上只有有限个孤立奇点（包括无穷远点在内），则 $f(z)$ 在各孤立奇点处的留数总和为零.

证明 设函数 $f(z)$ 在扩充复平面上的孤立奇点为 $z_1,z_2,\cdots,z_n,\infty$，作充分大的圆周 $\Gamma:|z|=\rho$，使得所有有限奇点 $z_1,z_2,\cdots,z_n$ 均含于其内部. 由柯西留数定理知
$$\oint_\Gamma f(z)\mathrm{d}z=2\pi i\sum_{k=1}^n\mathrm{Res}[f(z),a_k],$$
从而可得
$$\sum_{k=1}^n\mathrm{Res}[f(z),a_k]+\frac{1}{2\pi i}\oint_{\Gamma^-}f(z)\mathrm{d}z$$
$$=\sum_{k=1}^n\mathrm{Res}[f(z),a_k]+\mathrm{Res}[f(z),\infty]=0.$$

下面我们引入无穷远点处留数的另一个计算公式.

通过变量替换 $w=\dfrac{1}{z}$，我们把 z 平面上无穷远点的去心邻域 $R<|z|<+\infty$ 变成 w 平面上原点的去心邻域 $0<|w|<\dfrac{1}{R}$，把 z 平面上的圆周 $\Gamma^-:|z|=\rho>R$ 变成 w 平面上的圆周
$$\gamma:|w|=\frac{1}{\rho}<\frac{1}{R},$$
从而易得
$$\frac{1}{2\pi i}\oint_{\Gamma^-}f(\zeta)\mathrm{d}\zeta=-\frac{1}{2\pi i}\oint_\gamma f\left(\frac{1}{w}\right)\frac{1}{w^2}\mathrm{d}w.$$
所以
$$\mathrm{Res}[f(z),\infty]=-\mathrm{Res}\left[f\left(\frac{1}{z}\right)\frac{1}{z^2},0\right]. \tag{5.3}$$

例 5 计算积分
$$\oint_C\frac{z^{15}}{(z^2+1)^2(z^4+2)^3}\mathrm{d}z,$$
其中 C 为圆周 $|z|=4$.

解 被积函数在扩充复平面上除 7 个孤立奇点

$$z=\pm i, \quad z=\sqrt[4]{2}e^{\frac{1+2k}{4}\pi i} \quad (k=0,1,2,3), \quad z=\infty$$

外均解析,且前 6 个孤立奇点在圆周 $C:|z|=4$ 的内部. 显然,要计算被积函数在这 6 个孤立奇点处的留数非常麻烦,所以我们应用定理 5.1.2 及柯西留数定理,只要计算被积函数在无穷远点处的留数即可.

把被积函数在圆环 $4<|z|<+\infty$ 内展开成洛朗级数

$$f(z)=\frac{z^{15}}{(z^2+1)^2(z^4+2)^3}$$

$$=\frac{z^{15}}{z^{16}\left(1+\frac{1}{z^2}\right)^2\left(1+\frac{2}{z^4}\right)^3}$$

$$=\frac{1}{z}\left(1-2\frac{1}{z^2}+\cdots\right)\left(1-3\frac{2}{z^4}+\cdots\right).$$

不难看出 $\frac{1}{z}$ 的系数为 1,由式(5.2) 可得 $f(z)$ 在无穷远点处的留数为 -1. 所以

$$\oint_C \frac{z^{15}}{(z^2+1)^2(z^4+2)^3}dz = -2\pi i \mathrm{Res}[f(z),\infty] = 2\pi i.$$

推论 1 设函数 $f(z)$ 在复平面上除简单闭曲线 C 内的有限个奇点外均解析,则

$$\oint_C f(\zeta)d\zeta = -2\pi i \mathrm{Res}[f(z),\infty] = 2\pi i \mathrm{Res}\left[f\left(\frac{1}{z}\right)\frac{1}{z^2},0\right]. \quad (5.4)$$

例 6 计算积分

$$\oint_C \frac{5z-2}{z(z-1)}dz,$$

其中 C 为圆周 $|z|=2$.

解 被积函数在复平面上除圆周 C 内的孤立奇点 $z_0=0, z_1=1$ 外均解析,故由推论 1,我们只要计算被积函数在无穷远点处的留数即可.

令函数 $f(z)=\frac{5z-2}{z(z-1)}$,则

$$f\left(\frac{1}{z}\right)\frac{1}{z^2} = \frac{5-2z}{z(1-z)} = \frac{5-2z}{z} \cdot \frac{1}{1-z}$$

$$=\left(\frac{5}{z}-2\right)(1+z+z^2+\cdots)$$

$$=\frac{5}{z}+3+3z+\cdots \quad (0<|z|<1).$$

由式(5.4) 得

$$\oint_C f(\zeta)d\zeta = 2\pi i \mathrm{Res}\left[f\left(\frac{1}{z}\right)\frac{1}{z^2},0\right] = 2\pi i \cdot 5 = 10\pi i.$$

5.2 孤立奇点

1. 有限孤立奇点的分类

设函数 $f(z)$ 在孤立奇点 z_0 处的洛朗展开式为

$$f(z) = \sum_{n=-\infty}^{+\infty} c_n(z-z_0)^n, \quad 0 < |z-z_0| < R.$$

为了便于计算函数 $f(z)$ 在孤立奇点 z_0 处的留数,我们按照洛朗展开式中含负幂次项的情况,把孤立奇点分成以下三类:

(1) 洛朗展开式中不含负幂次项,即对任意的 $n=1,2,\cdots$,都有 $c_{-n}=0$,则称 z_0 是函数 $f(z)$ 的**可去奇点**.

(2) 洛朗展开式中含有有限多项负幂次项,即存在正整数 m,使得 $c_{-m}\neq 0$,而对任意的正整数 $n>m$,都有 $c_{-n}=0$,则称 z_0 是函数 $f(z)$ 的 m **阶极点**. 当 $m=1$ 时又称为**单极点**,当 $m>1$ 时也称为 m **重极点**.

(3) 洛朗展开式中含有无穷多项负幂次项,即存在无穷多个正整数 m,使得 $c_{-m}\neq 0$,则称 z_0 是函数 $f(z)$ 的**本质奇点**.

例 1 因为当 $0<|z-2|<+\infty$ 时,函数

$$f(z) = \frac{z^2-2z+3}{z-2} = \frac{z(z-2)+3}{z-2}$$
$$= z + \frac{3}{z-2} = 2 + (z-2) + \frac{3}{z-2}$$

的洛朗展开式中只含负一次幂的项(在负幂次项中),所以 $z=2$ 是 $f(z)$ 的单极点,且 $\operatorname{Res}[f(z),2]=3$.

例 2 因为当 $0<|z|<1$ 时,函数

$$f(z) = \frac{1}{z^2(1+z)} = \frac{1}{z^2}(1-z+z^2-z^3+\cdots)$$
$$= \frac{1}{z^2} - \frac{1}{z} + 1 - z + \cdots$$

的洛朗展开式中只含两项负幂次项且最高次是负二次,所以 $z=0$ 是 $f(z)$ 的二阶极点,且 $\operatorname{Res}[f(z),0]=-1$.

例 3 因为当 $0<|z|<+\infty$ 时,函数

$$f(z) = \mathrm{e}^{\frac{1}{z}} = 1 + \frac{1}{z} + \frac{1}{2!z^2} + \cdots$$

的洛朗展开式中含有无穷多项负幂次项,所以 $z=0$ 是 $f(z)$ 的本质奇点,且 $\operatorname{Res}[f(z),0]=1$.

例 4 因为当 $0<|z|<+\infty$ 时,函数

$$f(z) = \frac{1-\cos z}{z^2} = \frac{1}{z^2}\left[1 - \left(1 - \frac{1}{2!}z^2 + \frac{1}{4!}z^4 - \frac{1}{6!}z^6 + \cdots\right)\right]$$
$$= \frac{1}{2!} - \frac{1}{4!}z^2 + \frac{1}{6!}z^4 - \cdots$$

的洛朗展开式中不含负幂次项,所以 $z=0$ 是 $f(z)$ 的可去奇点,且 $\text{Res}[f(z),0]=0$.

接下来,我们分别讨论这三类奇点的其他特征与函数在该奇点处留数的其他计算方法.

2. 可去奇点

若 z_0 是函数 $f(z)$ 的可去奇点,则当 $0<|z-z_0|<R$ 时,有
$$f(z) = c_0 + c_1(z-z_0) + c_2(z-z_0)^2 + \cdots + c_n(z-z_0)^n + \cdots.$$
若令 $f(z_0)=c_0$,则函数 $f(z)$ 在区域 $|z-z_0|<R$ 内解析. 也就是说,如果我们赋予函数 $f(z)$ 在点 z_0 一个适当的定义,就可以使 $f(z)$ 在点 z_0 处解析,这也是我们称 z_0 为 $f(z)$ 的可去奇点的原因. 显然,解析函数在可去奇点处的留数等于零.

例如,$z=0$ 是函数 $f(z)=\dfrac{\sin z}{z}$ 的可去奇点,若定义 $f(0)=1$,则 $f(z)$ 在点 $z=0$ 处就解析了.

定理 5.2.1 设函数 $f(z)$ 在区域 $0<|z-z_0|<R(0<R\leqslant+\infty)$ 内解析,z_0 为 $f(z)$ 的孤立奇点,则下列三个条件是等价的:

(1) z_0 为 $f(z)$ 的可去奇点.

(2) $\lim\limits_{z\to z_0}f(z)=\beta(\beta\neq\infty)$.

(3) $f(z)$ 在点 z_0 的某个去心邻域内有界.

证明 我们只要证明 (1)⇒(2),(2)⇒(3),(3)⇒(1) 即可.

(1)⇒(2).

若 z_0 为函数 $f(z)$ 的可去奇点,则当 $0<|z-z_0|<R$ 时,有
$$f(z) = c_0 + c_1(z-z_0) + c_2(z-z_0)^2 + \cdots + c_n(z-z_0)^n + \cdots.$$
因此
$$\lim_{z\to z_0} f(z) = c_0 \quad (c_0 \neq \infty).$$

(2)⇒(3).

若 $\lim\limits_{z\to z_0}f(z)=\beta(\beta\neq\infty)$,则由极限的定义知,对任意的 $\varepsilon>0$,存在 $\delta>0$,当 $0<|z-z_0|<\delta$ 时,就有
$$|f(z)-\beta|<\varepsilon.$$
取 $\varepsilon=1$,再由复数模的不等式可得
$$|f(z)|<|\beta|+1.$$
所以,函数 $f(z)$ 在点 z_0 的去心邻域 $0<|z-z_0|<\delta$ 内有界.

(3)⇒(1).

若函数 $f(z)$ 在点 z_0 的去心邻域 $0<|z-z_0|<\delta$ 内以 $M(>0)$ 为界,考虑 $f(z)$ 在 z_0 处的洛朗展开式中的负幂次项部分

$$c_{-1}\frac{1}{z-z_0}+c_{-2}\frac{1}{(z-z_0)^2}+\cdots+c_{-n}\frac{1}{(z-z_0)^n}+\cdots,$$

其中

$$c_{-n}=\frac{1}{2\pi i}\oint_\gamma \frac{f(\zeta)}{(\zeta-z_0)^{-n+1}}d\zeta \quad (n=1,2,\cdots),$$

这里 $\gamma:|z-z_0|=\rho<\delta, \rho$ 可取任意小的正数. 由于

$$|c_{-n}|\leqslant \frac{1}{2\pi}\oint_\gamma \frac{|f(\zeta)|}{\rho^{-n+1}}ds \leqslant \frac{\rho^{n-1}M}{2\pi}\cdot 2\pi\rho = M\rho^n \quad (n=1,2,\cdots),$$

在上面的不等式中令 $\rho \to 0$,可得 $c_{-n}=0(n=1,2,\cdots)$,因此 z_0 为函数 $f(z)$ 的可去奇点.

例如,因为

$$\lim_{z\to 0}\frac{\sin z}{z}=1,$$

所以由定理 5.2.1 可得,$z=0$ 是函数 $\dfrac{\sin z}{z}$ 的可去奇点.

3. 极点

定理 5.2.2 设函数 $f(z)$ 在区域 $0<|z-z_0|<R(0<R\leqslant +\infty)$ 内解析,z_0 为 $f(z)$ 的孤立奇点,则下列三个条件是等价的:

(1) z_0 为 $f(z)$ 的 m 阶极点.

(2) $f(z)$ 在点 z_0 的某个去心邻域内可以表示成

$$f(z)=\frac{\psi(z)}{(z-z_0)^m}, \tag{5.5}$$

其中 $\psi(z)$ 在点 z_0 的邻域内解析,且 $\psi(z_0)\neq 0$.

(3) 设函数 $g(z)=\dfrac{1}{f(z)}(z\neq z_0),g(z_0)=0$,则 z_0 是 $g(z)$ 的 m 阶零点.

证明 我们只要证明 (1)⇒(2),(2)⇒(3),(3)⇒(1) 即可.

(1)⇒(2).

若 z_0 为函数 $f(z)$ 的 m 阶极点,则在点 z_0 的某个去心邻域 $0<|z-z_0|<\delta$ 内,有

$$f(z)=\frac{c_{-m}}{(z-z_0)^m}+\frac{c_{-m+1}}{(z-z_0)^{m-1}}+\cdots+c_n(z-z_0)^n+\cdots$$

$$=\frac{c_{-m}+c_{-m+1}(z-z_0)+\cdots+c_n(z-z_0)^{n+m}+\cdots}{(z-z_0)^m} \quad (c_{-m}\neq 0).$$

只要取

$$\psi(z) = c_{-m} + c_{-m+1}(z-z_0) + \cdots + c_n(z-z_0)^{n+m} + \cdots,$$

那么
$$\psi(z_0) = c_{-m} \neq 0,$$

且 $\psi(z)$ 在点 z_0 的邻域 $|z-z_0| < \delta$ 内解析.

(2)⇒(3).

若(2)成立,则在点 z_0 的某个去心邻域内,有
$$g(z) = \frac{1}{f(z)} = \frac{(z-z_0)^m}{\psi(z)}.$$

令 $\varphi(z) = \frac{1}{\psi(z)}$,则
$$g(z) = \varphi(z)(z-z_0)^m,$$

其中 $\varphi(z_0) \neq 0$,且 $\varphi(z)$ 在点 z_0 的邻域内解析. 又 $g(z_0) = 0$,则函数 $g(z)$ 在点 z_0 处解析. 再由定理 4.3.3 知,z_0 是 $g(z)$ 的 m 阶零点.

(3)⇒(1).

设函数 $g(z) = \frac{1}{f(z)}(z \neq z_0)$,$g(z_0) = 0$,$z_0$ 是 $g(z)$ 的 m 阶零点,则由定理 4.3.3 知,存在点 z_0 处的解析函数 $\varphi(z)$,使得
$$\frac{1}{f(z)} = g(z) = \varphi(z)(z-z_0)^m, \quad \varphi(z_0) \neq 0,$$

从而
$$f(z) = \frac{1}{(z-z_0)^m} \cdot \frac{1}{\varphi(z)}.$$

因为函数 $\frac{1}{\varphi(z)}$ 在点 z_0 处解析,所以 $\frac{1}{\varphi(z)}$ 在点 z_0 的邻域内可展开成泰勒级数
$$\frac{1}{\varphi(z)} = c_{-m} + c_{-m+1}(z-z_0) + \cdots,$$

且 $c_{-m} = \frac{1}{\varphi(z_0)} \neq 0$. 于是在点 z_0 的邻域内,有
$$f(z) = \frac{c_{-m}}{(z-z_0)^m} + \frac{c_{-m+1}}{(z-z_0)^{m-1}} + \cdots \quad (c_{-m} \neq 0),$$

即 z_0 为 $f(z)$ 的 m 阶极点.

我们给出一个快速判断极点的方法.

定理 5.2.3 设函数 $f(z)$ 在区域 $0 < |z-z_0| < R(0 < R \leqslant +\infty)$ 内解析,则 z_0 为 $f(z)$ 的极点的充要条件是
$$\lim_{z \to z_0} f(z) = \infty.$$

证明 由定理 5.2.2 知,z_0 为函数 $f(z)$ 的极点等价于 z_0 为函数 $\frac{1}{f(z)}$ 的零点,由此知定理为真.

虽然定理 5.2.3 可以很方便地判断极点,不过该定理的缺点是无法直接得出极点的阶数,为了同时得出极点的阶数,我们又有下面的推论.

推论 1 设函数 $f(z)$ 在区域 $0<|z-z_0|<R(0<R\leqslant +\infty)$ 内解析,则 z_0 为 $f(z)$ 的 m 阶极点的充要条件是

$$\lim_{z\to z_0}(z-z_0)^m f(z)=c_{-m} \quad (c_{-m}\neq 0).$$

不过在用推论 1 判断极点的阶数之前,我们需要通过对函数 $f(z)$ 的分析来大致判断出极点的阶数.

例 5 求函数

$$f(z)=\frac{5z+1}{(z-1)(2z+1)^2}$$

的极点,并指出其阶数.

解 由定理 5.2.3 知,$z_1=1, z_2=-\frac{1}{2}$ 都是函数 $f(z)$ 的极点,由推论 1 或者定理 5.2.2 中的等价性条件(2)或(3),可得 $z_1=1$ 是单极点,$z_2=-\frac{1}{2}$ 是二阶极点.

定理 5.2.4 设函数 $f(z)$ 在区域 $0<|z-z_0|<R(0<R\leqslant +\infty)$ 内解析,z_0 为 $f(z)$ 的 m 阶极点,则

$$\text{Res}[f(z),z_0]=\frac{\psi^{(m-1)}(z_0)}{(m-1)!},$$

其中 $\psi(z)$ 见定理 5.2.2 中式(5.5).

证明 $\text{Res}[f(z),z_0]=\frac{1}{2\pi i}\oint_\gamma \frac{\psi(\zeta)}{(\zeta-z_0)^m}\mathrm{d}\zeta=\frac{\psi^{(m-1)}(z_0)}{(m-1)!}.$

推论 2 设函数 $f(z)$ 在区域 $0<|z-z_0|<R(0<R\leqslant +\infty)$ 内解析,z_0 为 $f(z)$ 的单极点,则

$$\text{Res}[f(z),z_0]=\lim_{z\to z_0}(z-z_0)f(z).$$

推论 3 设函数 $p(z),q(z)$ 在点 z_0 处解析,且 $p(z_0)\neq 0$,z_0 为 $q(z)$ 的单零点,则 z_0 是函数 $f(z)=\frac{p(z)}{q(z)}$ 的单极点,且

$$\text{Res}[f(z),z_0]=\frac{p(z_0)}{q'(z_0)}.$$

证明 由定理 5.2.2 中的等价性条件(3)易知,z_0 是函数 $f(z)=\frac{p(z)}{q(z)}$ 的单极点. 又因为 z_0 为函数 $q(z)$ 的单零点,所以 $q(z_0)=0$,结合推论 2 得

$$\text{Res}[f(z), z_0] = \lim_{z \to z_0}(z-z_0)\frac{p(z)}{q(z)}$$

$$= \lim_{z \to z_0}\frac{p(z)}{\dfrac{q(z)-q(z_0)}{z-z_0}}$$

$$= \frac{p(z_0)}{q'(z_0)}.$$

例 6 计算积分

$$\oint_C \tan \pi z \, \mathrm{d}z,$$

其中 C 为圆周 $|z|=n$ (n 为正整数).

解 函数 $\tan \pi z$ 有单极点 $z = k + \dfrac{1}{2}$ ($k \in \mathbf{Z}$),故由推论 3 得

$$\text{Res}\left[\tan \pi z, k+\frac{1}{2}\right] = \left.\frac{\sin \pi z}{(\cos \pi z)'}\right|_{z=k+\frac{1}{2}} = -\frac{1}{\pi} \quad (k \in \mathbf{Z}).$$

根据柯西留数定理可得

$$\oint_C \tan \pi z \, \mathrm{d}z = 2\pi \mathrm{i} \sum_{|k+\frac{1}{2}|<n} \text{Res}\left[\tan \pi z, k+\frac{1}{2}\right]$$

$$= 2\pi \mathrm{i}\left(-\frac{2n}{\pi}\right) = -4n\mathrm{i}.$$

例 7 计算积分

$$\oint_C \frac{\sec z}{z^3} \mathrm{d}z,$$

其中 C 为圆周 $|z|=1$.

解 被积函数在单位圆盘内只有一个三阶极点 $z=0$,由定理 5.2.4 得

$$\text{Res}\left[\frac{\sec z}{z^3}, 0\right] = \frac{1}{2!}(\sec z)''\bigg|_{z=0} = \frac{1}{2}.$$

根据柯西留数定理可得

$$\oint_C \frac{\sec z}{z^3} \mathrm{d}z = 2\pi \mathrm{i} \text{Res}\left[\frac{\sec z}{z^3}, 0\right] = \pi \mathrm{i}.$$

例 8 计算积分

$$\oint_C \frac{z \sin z}{(1-\mathrm{e}^z)^3} \mathrm{d}z,$$

其中 C 为圆周 $|z|=1$.

解 因为

$$\lim_{z \to 0} z \frac{z \sin z}{(1-\mathrm{e}^z)^3} = \lim_{z \to 0}\frac{z^2 \sin z}{-z^3} = -1,$$

所以由推论 1 知 $z=0$ 是被积函数的单极点(也是单位圆周内的唯一奇点).

再根据推论 2 可得
$$\mathrm{Res}\left[\frac{z\sin z}{(1-\mathrm{e}^z)^3},0\right]=\lim_{z\to 0}z\,\frac{z\sin z}{(1-\mathrm{e}^z)^3}=-1.$$
根据柯西留数定理得
$$\oint_C \frac{z\sin z}{(1-\mathrm{e}^z)^3}\mathrm{d}z=2\pi\mathrm{i}\,\mathrm{Res}\left[\frac{z\sin z}{(1-\mathrm{e}^z)^3},0\right]=-2\pi\mathrm{i}.$$

初学者容易把例 7 中被积函数极点的阶数看成 2 或 3. 为防止出现类似的问题,读者可以利用洛朗展开式或者推论 1 仔细推算极点的阶数.

4. 本质奇点

由定理 5.2.1 和定理 5.2.3 可得如下定理.

定理 5.2.5 设函数 $f(z)$ 在区域 $0<|z-z_0|<R(0<R\leqslant+\infty)$ 内解析,则 z_0 为 $f(z)$ 的本质奇点的充要条件是:极限 $\lim\limits_{z\to z_0}f(z)$ 不存在且不是无穷大.

例如,对于函数 $f(z)=\sin\dfrac{1}{z}$,当 $z\to 0$ 时,$f(z)$ 不存在且不是无穷大,所以 $z=0$ 是 $f(z)$ 的本质奇点.

5. 无穷远点的分类

在上一节中,我们提到无穷远点 ∞ 也是解析函数 $f(z)$ 的孤立奇点,并且从变量替换 $w=\dfrac{1}{z}$ 的角度,把无穷远点 ∞ 与原点联系起来.

若 $w=0$ 是函数 $g(w)$ 的可去奇点、m 阶极点或本质奇点,则我们相应地称无穷远点 ∞ 为函数
$$f(z)=f\left(\frac{1}{w}\right)=g(w)$$
的可去奇点、m 阶极点或本质奇点.

设函数 $f(z)$ 的洛朗展开式为
$$f(z)=\sum_{n=1}^{+\infty}c_{-n}z^{-n}+c_0+\sum_{n=1}^{+\infty}c_n z^n \quad (0<|z|<+\infty).$$

在点 $z=0$ 的去心邻域内,$\sum\limits_{n=1}^{+\infty}c_{-n}z^{-n}$ 是**主要部分**,起主导作用. 但是在无穷远点 ∞ 的去心邻域内,$\sum\limits_{n=1}^{+\infty}c_n z^n$ 才是**主要部分**,起主导作用.

定理 5.2.1'(对应于定理 5.2.1) 设无穷远点 ∞ 为函数 $f(z)$ 的孤立奇点,则下列三个条件是等价的:

(1) ∞ 为 $f(z)$ 的可去奇点.

(2) $\lim\limits_{z\to\infty}f(z)=\beta\,(\beta\neq\infty)$.

(3) $f(z)$ 在点 ∞ 的某个去心邻域内有界.

前面我们提到,若孤立奇点 z_0 为有限点,且 z_0 是函数 $f(z)$ 的可去奇点,则 $\text{Res}[f(z),z_0]=0$. 但是,如果无穷远点 ∞ 为可去奇点,那么 $\text{Res}[f(z),\infty]$ 不一定等于 0. 例如,对于函数 $f(z)=2+\dfrac{1}{z}$, ∞ 是 $f(z)$ 的可去奇点,但是 $\text{Res}[f(z),\infty]=-1$.

定理 5.2.2'(对应于定理 5.2.2) 设无穷远点 ∞ 为函数 $f(z)$ 的孤立奇点,则下列三个条件是等价的:

(1) ∞ 为 $f(z)$ 的 m 阶极点.

(2) $f(z)$ 在点 ∞ 的某个去心邻域内可以表示成
$$f(z)=z^m\psi(z),$$
其中 $\psi(z)$ 在点 ∞ 的邻域内解析,且 $\lim\limits_{z\to\infty}\psi(z)=\psi(\infty)\neq 0$.

(3) 设函数 $g(z)=\dfrac{1}{f(z)}$, $g(\infty)=0$,则 ∞ 是 $g(z)$ 的 m 阶零点.

定理 5.2.3'(对应于定理 5.2.3) 孤立奇点 ∞ 为函数 $f(z)$ 的极点的充要条件是:
$$\lim_{z\to\infty}f(z)=\infty.$$

定理 5.2.5'(对应于定理 5.2.5) 孤立奇点 ∞ 为函数 $f(z)$ 的本质奇点的充要条件是:极限 $\lim\limits_{z\to\infty}f(z)$ 不存在且不是无穷大.

6. 整函数与亚纯函数

在第三章 3.3 节中我们给出了整函数的定义,即在整个复平面上解析的函数.无穷远点 ∞ 作为整函数唯一的孤立奇点,由定理 5.2.1'、定理 5.2.2' 和定理 5.2.5' 可得如下定理.

定理 5.2.6 设 $f(z)$ 为整函数,其展开式为
$$f(z)=\sum_{n=0}^{+\infty}a_nz^n \quad (0\leqslant |z|<+\infty),$$
则

(1) 无穷远点 ∞ 为 $f(z)$ 的可去奇点的充要条件是: $f(z)$ 恒为复常数;

(2) 无穷远点 ∞ 为 $f(z)$ 的 m 阶极点的充要条件是: $f(z)$ 为一 m 次多项式;

(3) 无穷远点 ∞ 为 $f(z)$ 的本质奇点的充要条件是: $f(z)$ 的展开式中有无穷多项.

当无穷远点 ∞ 是整函数 $f(z)$ 的本质奇点时,我们称 $f(z)$ 为**超越整函数**.例如,无穷远点 ∞ 是整函数 e^z, $\sin z$, $\cos z$ 的本质奇点,所以它们都是超越整函数.

在复平面上除极点外无其他类型奇点的单值解析函数称为**亚纯函数**. 也就是说,亚纯函数在复平面上除极点外均解析. 例如, $\dfrac{1}{\sin z}$ 是一个亚纯函数,它在复平面上除极点 $z_k = k\pi (k \in \mathbf{Z})$ 外均解析.

另外,有理函数
$$\frac{a_0 + a_1 z + a_2 z^2 + \cdots + a_n z^n}{b_0 + b_1 z + b_2 z^2 + \cdots + b_m z^m} \quad (a_n, b_m \neq 0)$$
在复平面上除有限个极点外均解析,因此也是亚纯函数.

定理 5.2.7 设无穷远点 ∞ 是亚纯函数 $f(z)$ 的可去奇点或极点,则 $f(z)$ 是一个有理函数.

证明 亚纯函数 $f(z)$ 在复平面上除极点外无其他类型的奇点,则 $f(z)$ 在复平面上极点的个数是有限的. 若不然,这些极点在扩充复平面上的极限点(有限点或无穷远点)就成为函数 $f(z)$ 的非孤立奇点,与假设矛盾.

设函数 $f(z)$ 在复平面上的有限个极点分别为 $z_1, z_2, \cdots, z_n$,其阶数分别为 $\lambda_1, \lambda_2, \cdots, \lambda_n$,并设 $f(z)$ 在点 $z_k (k = 1, 2, \cdots, n)$ 的洛朗展开式中的主要部分为
$$h_k(z) = \frac{a_{k,-1}}{z - z_k} + \frac{a_{k,-2}}{(z - z_k)^2} + \cdots + \frac{a_{k,-\lambda_k}}{(z - z_k)^{\lambda_k}}.$$

若无穷远点 ∞ 为函数 $f(z)$ 的 m 阶极点,则设 $f(z)$ 在无穷远点 ∞ 的洛朗展开式中的主要部分为
$$g(z) = c_1 z + c_2 z^2 + \cdots + c_m z^m.$$

若无穷远点 ∞ 为函数 $f(z)$ 的可去奇点,则 $f(z)$ 在无穷远点 ∞ 的洛朗展开式中的主要部分 $g(z) \equiv 0$.

令函数
$$F(z) = f(z) - [h_1(z) + h_2(z) + \cdots + h_n(z) + g(z)],$$
且
$$F(z_k) = \lim_{z \to z_k} F(z) \quad (k = 1, 2, \cdots, n),$$
则 $F(z)$ 在复平面上解析,且无穷远点 ∞ 为它的可去奇点,由定理 5.2.6 知 $F(z)$ 恒为复常数 C. 于是
$$f(z) = C + h_1(z) + h_2(z) + \cdots + h_n(z) + g(z)$$
是一个有理函数.

5.3 留数在实积分中的应用

在本章 5.1 节中我们介绍了柯西留数定理,由此知只须计算解析函数在孤立奇点处的留数,就可以方便地计算出它在简单闭曲线或复周线上的积分. 不过可惜的是,这种方法具有一定的局限性,并不具备普遍性. 在本节中,

我们将针对几类特殊类型的函数,把在数学分析中难以计算的一些定积分或反常积分,利用柯西留数定理将其化为复积分的形式来求其值. 这样不仅解决了原本无法计算的实积分问题,而且还大大地简化了原本复杂的计算过程.

1. $\int_0^{2\pi} R(\cos\theta, \sin\theta) d\theta$ 型积分

这里被积函数 $R(\cos\theta, \sin\theta)$ 表示 $\cos\theta, \sin\theta$ 的有理函数,并且在区间 $[0, 2\pi]$ 上连续. 若令 $z = e^{i\theta}$,则

$$\cos\theta = \frac{z^2+1}{2z}, \quad \sin\theta = \frac{z^2-1}{2iz}, \quad d\theta = \frac{dz}{iz},$$

当 θ 从 0 变到 2π 时,$z = e^{i\theta}$ 沿单位圆周逆时针方向绕行一周. 将上式代入积分式可得

$$\int_0^{2\pi} R(\cos\theta, \sin\theta) d\theta = \oint_{|z|=1} R\left(\frac{z^2+1}{2z}, \frac{z^2-1}{2iz}\right) \frac{dz}{iz},$$

即将三角函数的实积分问题变成了有理函数的复积分问题,并且若被积函数在积分路径上无奇点,则我们可以利用柯西留数定理来求等式右端的值.

例1 计算积分

$$I = \int_0^{2\pi} \frac{1}{5 + 4\sin\theta} d\theta.$$

解 令 $z = e^{i\theta}$,则

$$I = \oint_{|z|=1} \frac{1}{5 + 4 \cdot \frac{z^2-1}{2iz}} \cdot \frac{dz}{iz}$$

$$= \oint_{|z|=1} \frac{1}{2z^2 + 5iz - 2} dz$$

$$= \oint_{|z|=1} \frac{1}{2\left(z + \frac{i}{2}\right)(z + 2i)} dz.$$

被积函数 $f(z) = \dfrac{1}{2\left(z + \frac{i}{2}\right)(z + 2i)}$ 在 $|z| < 1$ 内只有一个单极点 $z = -\dfrac{i}{2}$,在 $|z| = 1$ 上无奇点,又

$$\operatorname{Res}\left[f(z), -\frac{i}{2}\right] = \lim_{z \to -\frac{i}{2}} \left(z + \frac{i}{2}\right) f(z)$$

$$= \lim_{z \to -\frac{i}{2}} \frac{1}{2(z + 2i)} = -\frac{i}{3},$$

故由柯西留数定理得

$$I = \oint_{|z|=1} \frac{1}{2\left(z + \frac{i}{2}\right)(z + 2i)} dz$$

$$= 2\pi i \operatorname{Res}\left[f(z), -\frac{i}{2}\right] = \frac{2}{3}\pi.$$

例 2 计算积分
$$I = \int_0^\pi \frac{1}{1+\sin^2\theta}\mathrm{d}\theta.$$

解 令 $z = \mathrm{e}^{2\mathrm{i}\theta}$，则
$$\sin^2\theta = \frac{z^2 - 2z + 1}{-4z}, \quad \mathrm{d}\theta = \frac{\mathrm{d}z}{2\mathrm{i}z},$$

当 θ 从 0 变到 π 时，$z = \mathrm{e}^{2\mathrm{i}\theta}$ 沿单位圆周逆时针方向绕行一周. 将上式代入积分式可得

$$I = \oint_{|z|=1} \frac{1}{1 + \frac{z^2 - 2z + 1}{-4z}} \frac{\mathrm{d}z}{2\mathrm{i}z}$$

$$= \oint_{|z|=1} \frac{2\mathrm{i}}{z^2 - 6z + 1}\mathrm{d}z$$

$$= \oint_{|z|=1} \frac{2\mathrm{i}}{[z-(3+2\sqrt{2})][z-(3-2\sqrt{2})]}\mathrm{d}z.$$

被积函数 $f(z) = \dfrac{2\mathrm{i}}{[z-(3+2\sqrt{2})][z-(3-2\sqrt{2})]}$ 在 $|z|<1$ 内只有一个单极点 $z = 3 - 2\sqrt{2}$，在 $|z|=1$ 上无奇点，又

$$\operatorname{Res}[f(z), 3-2\sqrt{2}] = \lim_{z \to 3-2\sqrt{2}} [z-(3-2\sqrt{2})]f(z)$$

$$= \lim_{z \to 3-2\sqrt{2}} \frac{2\mathrm{i}}{z-(3+2\sqrt{2})} = -\frac{\mathrm{i}}{2\sqrt{2}},$$

故由柯西留数定理得

$$I = \oint_{|z|=1} \frac{2\mathrm{i}}{[z-(3+2\sqrt{2})][z-(3-2\sqrt{2})]}\mathrm{d}z$$

$$= 2\pi\mathrm{i}\operatorname{Res}[f(z), 3-2\sqrt{2}] = \frac{\pi}{\sqrt{2}}.$$

若 $R(\cos\theta, \sin\theta)$ 为 θ 的偶函数，则有

$$\int_0^\pi R(\cos\theta, \sin\theta)\mathrm{d}\theta = \frac{1}{2}\int_{-\pi}^\pi R(\cos\theta, \sin\theta)\mathrm{d}\theta.$$

我们可将实积分 $\int_{-\pi}^\pi R(\cos\theta, \sin\theta)\mathrm{d}\theta$ 化为单位圆周上的复积分进行计算，于是也能求实积分 $\int_0^\pi R(\cos\theta, \sin\theta)\mathrm{d}\theta$.

例 3 计算积分
$$I = \int_0^\pi \frac{\cos 2\theta}{1 - 2a\cos\theta + a^2}\mathrm{d}\theta \quad (-1 < a < 1).$$

解 因为被积函数为偶函数,所以
$$I = \frac{1}{2}\int_{-\pi}^{\pi} \frac{\cos 2\theta}{1-2a\cos\theta+a^2}d\theta.$$

令 $z = e^{i\theta}$,则
$$\cos\theta = \frac{z^2+1}{2z}, \quad \cos 2\theta = \frac{e^{2i\theta}+e^{-2i\theta}}{2} = \frac{z^4+1}{2z^2}, \quad d\theta = \frac{dz}{iz},$$

当 θ 从 $-\pi$ 变到 π 时,$z = e^{i\theta}$ 沿单位圆周逆时针方向绕行一周. 将上式代入积分式可得

$$I = \frac{1}{2}\oint_{|z|=1} \frac{\frac{z^4+1}{2z^2}}{1-2a\frac{z^2+1}{2z}+a^2} \frac{dz}{iz}$$

$$= -\frac{1}{4i}\oint_{|z|=1} \frac{z^4+1}{z^2[az^2-(a^2+1)z+a]}dz.$$

因为被积函数

$$f(z) = \frac{z^4+1}{z^2[az^2-(a^2+1)z+a]} = \frac{z^4+1}{z^2(az-1)(z-a)}$$

在 $|z|<1$ 内有一个二阶极点 $z=0$ 和一个单极点 $z=a$,在 $|z|=1$ 上无奇点,又

$$\text{Res}[f(z),0] = \left[\frac{z^4+1}{(az-1)(z-a)}\right]'\bigg|_{z=0} = 1+\frac{1}{a^2},$$

$$\text{Res}[f(z),a] = \lim_{z\to a}(z-a)f(z) = \lim_{z\to a}\frac{z^4+1}{z^2(az-1)}$$

$$= 1+\frac{a^2+1}{a^2(a^2-1)},$$

所以由柯西留数定理得

$$I = -\frac{1}{4i}\oint_{|z|=1} \frac{z^4+1}{z^2[az^2-(a^2+1)z+a]}dz$$

$$= -\frac{1}{4i}\times 2\pi i\{\text{Res}[f(z),0]+\text{Res}[f(z),a]\}$$

$$= \frac{a^2\pi}{1-a^2}.$$

2. $\int_{-\infty}^{+\infty} \frac{P(x)}{Q(x)}dx$ 型积分

这里 $P(x), Q(x)(\neq 0)$ 表示互质多项式. $\int_{-\infty}^{+\infty}\frac{P(x)}{Q(x)}dx$ 型积分是数学分析中经常碰到的一类反常积分,只有当 $\int_{0}^{+\infty}\frac{P(x)}{Q(x)}dx$ 和 $\int_{-\infty}^{0}\frac{P(x)}{Q(x)}dx$ 这两个反常积分同时收敛时,反常积分 $\int_{-\infty}^{+\infty}\frac{P(x)}{Q(x)}dx$ 才收敛.

为了计算这种类型的反常积分，我们先给出一个引理．

引理 5.3.1　设函数 $f(z)$ 在圆弧 $S_R:z=Re^{i\theta}(\theta_1\leqslant\theta\leqslant\theta_2,R$ 充分大)上连续，且存在常数 α，使得
$$\lim_{R\to+\infty}zf(z)=\alpha\quad(\forall z\in S_R),$$
则有
$$\lim_{R\to+\infty}\int_{S_R}f(z)\mathrm{d}z=i(\theta_2-\theta_1)\alpha.$$

证明　因为
$$\int_{S_R}\frac{1}{z}\mathrm{d}z=\int_{\theta_1}^{\theta_2}\frac{1}{Re^{i\theta}}iRe^{i\theta}\mathrm{d}\theta=i(\theta_2-\theta_1),$$
所以
$$\int_{S_R}f(z)\mathrm{d}z-i(\theta_2-\theta_1)\alpha=\int_{S_R}\left[f(z)-\frac{\alpha}{z}\right]\mathrm{d}z$$
$$=\int_{S_R}\frac{zf(z)-\alpha}{z}\mathrm{d}z. \quad(5.6)$$

又由题设条件知，对任意小的正数 ε，存在正数 $R'(\varepsilon)$，当 $R>R'(\varepsilon)$ 时，有 $|zf(z)-\alpha|<\varepsilon(z\in S_R)$ 成立．于是
$$\left|\int_{S_R}f(z)\mathrm{d}z-i(\theta_2-\theta_1)\alpha\right|\leqslant\int_{S_R}\frac{|zf(z)-\alpha|}{|z|}\mathrm{d}s$$
$$\leqslant\frac{\varepsilon}{R}R(\theta_2-\theta_1)$$
$$=(\theta_2-\theta_1)\varepsilon.$$

由 ε 的任意性知，上式右端当 $R\to+\infty$ 时趋于零，即
$$\lim_{R\to+\infty}\int_{S_R}f(z)\mathrm{d}z=i(\theta_2-\theta_1)\alpha.$$

定理 5.3.1　设 $P_m(x),Q_n(x)$ 为互质多项式，其下标表示多项式的次数，令函数
$$f(z)=\frac{P_m(z)}{Q_n(z)},$$
$z_1,z_2,\cdots,z_n$ 表示 $f(z)$ 在复平面的上半平面上的所有极点．若 $n-m\geqslant 2$ 且复变函数 $Q_n(z)$ 在实轴上没有零点，则实积分
$$\int_{-\infty}^{+\infty}f(x)\mathrm{d}x=2\pi i\sum_{k=1}^n\mathrm{Res}[f(z),z_k].$$

证明　由本章 5.2 节知，有理函数 $f(z)$ 在复平面上除有限个极点外均解析，所以我们可以找到足够大的正数 R，作上半圆周 $\Gamma_R:z=Re^{i\theta}(0\leqslant\theta\leqslant\pi)$，使得 $z_1,z_2,\cdots,z_n$ 包含在以 $C_R=\Gamma_R\cup[-R,R]$ 为边界的区域内（见图 5-2）．

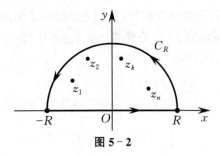

图 5 - 2

由柯西留数定理知

$$2\pi i \sum_{k=1}^{n} \text{Res}[f(z), z_k] = \oint_{C_R} f(z) dz$$
$$= \int_{-R}^{R} f(x) dx + \int_{\Gamma_R} f(z) dz. \quad (5.7)$$

又因为 $n - m \geqslant 2$,所以在曲线 $\Gamma_R: z = Re^{i\theta} (0 \leqslant \theta \leqslant \pi)$ 上,有

$$\lim_{R \to +\infty} zf(z) = 0.$$

将式(5.7)两端移项后再令 $R \to +\infty$,并由引理 5.3.1 可得

$$\int_{-\infty}^{+\infty} f(x) dx = 2\pi i \sum_{k=1}^{n} \text{Res}[f(z), z_k].$$

例 4 计算反常积分

$$I = \int_{0}^{+\infty} \frac{x^2}{x^6 + 1} dx.$$

解 因为被积函数为偶函数,所以

$$I = \frac{1}{2} \int_{-\infty}^{+\infty} \frac{x^2}{x^6 + 1} dx.$$

被积函数分子的次数比分母的次数少 4 次,且分母在实轴上不等于零,故满足定理 5.3.1 的条件. 设函数

$$f(z) = \frac{z^2}{z^6 + 1},$$

则 $f(z)$ 在复平面的上半平面上有三个单极点

$$z_1 = e^{\frac{\pi i}{6}}, \quad z_2 = i, \quad z_3 = e^{\frac{5\pi i}{6}}.$$

又

$$\text{Res}[f(z), z_k] = \frac{z^2}{(z^6 + 1)'} \bigg|_{z = z_k} = \frac{1}{6z_k^3} \quad (k = 1, 2, 3),$$

所以

$$I = \frac{1}{2} \int_{-\infty}^{+\infty} \frac{x^2}{x^6 + 1} dx$$
$$= \pi i \sum_{k=1}^{3} \text{Res}[f(z), z_k]$$
$$= \pi i \left(\frac{1}{6i} - \frac{1}{6i} + \frac{1}{6i} \right) = \frac{\pi}{6}.$$

3. $\int_{-\infty}^{+\infty} \dfrac{P(x)}{Q(x)} e^{imx} dx$ 型积分

引理 5.3.2（若尔当引理） 设函数 $f(z)$ 在半圆周 $\Gamma_R : z = R e^{i\theta} (0 \leqslant \theta \leqslant \pi, R$ 充分大$)$ 上连续，且
$$\lim_{R \to +\infty} f(z) = 0 \quad (\forall z \in \Gamma_R),$$
则当 $m > 0$ 时，有
$$\lim_{R \to +\infty} \int_{\Gamma_R} f(z) e^{imz} dz = 0.$$

证明 由题设条件知，对任意小的正数 ε，存在正数 $R'(\varepsilon)$，当 $R > R'(\varepsilon)$ 时，有 $|f(z)| < \varepsilon (z \in \Gamma_R)$ 成立. 于是，当 $m > 0$ 时，有
$$\left|\int_{\Gamma_R} f(z) e^{imz} dz\right| = \left|\int_0^\pi f(Re^{i\theta}) e^{imR(\cos\theta + i\sin\theta)} i R e^{i\theta} d\theta\right| \leqslant R\varepsilon \int_0^\pi e^{-mR\sin\theta} d\theta.$$
(5.8)

又由若尔当不等式
$$\dfrac{2\theta}{\pi} \leqslant \sin\theta \leqslant \theta \quad \left(0 \leqslant \theta \leqslant \dfrac{\pi}{2}\right),$$

将式 (5.8) 化为
$$\left|\int_{\Gamma_R} f(z) e^{imz} dz\right| \leqslant 2R\varepsilon \int_0^{\frac{\pi}{2}} e^{-mR\sin\theta} d\theta$$
$$\leqslant 2R\varepsilon \int_0^{\frac{\pi}{2}} e^{-mR\frac{2\theta}{\pi}} d\theta$$
$$= \dfrac{\pi \varepsilon}{m} (1 - e^{-mR}) < \dfrac{\pi \varepsilon}{m},$$

从而
$$\lim_{R \to +\infty} \int_{\Gamma_R} f(z) e^{imz} dz = 0 \quad (m > 0).$$

定理 5.3.2 设 $P_l(x), Q_n(x)$ 为互质多项式，其下标表示多项式的次数，令函数
$$f(z) = \dfrac{P_l(z)}{Q_n(z)},$$
$z_1, z_2, \cdots, z_n$ 表示 $f(z)$ 在复平面的上半平面上的所有极点. 若 $n > l$ 且复变函数 $Q_n(z)$ 在实轴上没有零点，则实积分
$$\int_{-\infty}^{+\infty} f(x) e^{imx} dx = 2\pi i \sum_{k=1}^n \operatorname{Res}[f(z) e^{imz}, z_k] \quad (m > 0).$$

定理 5.3.2 的证明与定理 5.3.1 的证明完全类似，这里留给读者自行练习.

例 5 计算反常积分
$$I = \int_0^{+\infty} \dfrac{\cos mx}{x^2 + 1} dx \quad (m > 0).$$

解 因为被积函数为偶函数，所以

$$I = \frac{1}{2}\int_{-\infty}^{+\infty} \frac{\cos mx}{x^2+1} dx.$$

又因为 $\cos mx = \text{Re}(e^{imx})$，所以只要先计算反常积分

$$\int_{-\infty}^{+\infty} \frac{e^{imx}}{x^2+1} dx$$

的值，然后取其实部即可得出原积分的值.

由于函数 $f(z) = \dfrac{e^{imz}}{z^2+1}$ 在复平面的上半平面上只有一个单极点 $z_0 = i$，因此由定理 5.3.2 可得

$$\int_{-\infty}^{+\infty} \frac{e^{imx}}{x^2+1} dx = 2\pi i \text{Res}[f(z), i] = 2\pi i \frac{e^{-m}}{2i} = \frac{\pi}{e^m}.$$

因此

$$I = \frac{1}{2}\int_{-\infty}^{+\infty} \frac{\cos mx}{x^2+1} dx = \frac{1}{2}\text{Re}\left(\frac{\pi}{e^m}\right) = \frac{\pi}{2e^m}.$$

由例 5 可知，若要计算形如

$$\int_{-\infty}^{+\infty} \frac{P_l(x)}{Q_n(x)} \cos mx \, dx, \quad \int_{-\infty}^{+\infty} \frac{P_l(x)}{Q_n(x)} \sin mx \, dx$$

的反常积分，我们可以先利用定理 5.3.2 计算形如

$$\int_{-\infty}^{+\infty} \frac{P_l(x)}{Q_n(x)} e^{imx} dx$$

的反常积分，然后分别取其实部或虚部即可.

4. 积分路径上有奇点型积分

定理 5.3.2 中的条件可以放宽一些. 若定理 5.3.2 中函数 $Q_n(z)$ 在实轴上有有限个零点，即函数 $f(z)$ 在实轴上有有限个孤立奇点，则我们可以挖去实轴上的孤立奇点后，再沿辅助路径积分，从而求出积分的值.

例 6 计算反常积分

$$I = \int_0^{+\infty} \frac{\sin x}{x} dx.$$

解 令函数

$$f(z) = \frac{e^{iz}}{z},$$

因为 $f(z)$ 在实轴上有一个单极点 $z = 0$，所以为了挖去极点，我们作辅助线

$$\Gamma_R: z = Re^{i\theta}, \quad \Gamma_\varepsilon: z = \varepsilon e^{i\theta} \quad (0 \leqslant \theta \leqslant \pi, 0 < \varepsilon < R),$$

$$l_1: -R \leqslant x \leqslant -\varepsilon, \quad l_2: \varepsilon \leqslant x \leqslant R.$$

将函数 $f(z)$ 沿简单闭曲线（见图 5-3）

$$C_R = \Gamma_R + l_1 + \Gamma_\varepsilon^- + l_2$$

积分,因为 $f(z)$ 在 C_R 上及其内部解析,所以

$$\int_{\Gamma_R} f(z)\mathrm{d}z + \int_{\Gamma_\varepsilon^-} f(z)\mathrm{d}z + \int_{l_1} f(z)\mathrm{d}z + \int_{l_2} f(z)\mathrm{d}z = \oint_{C_R} f(z)\mathrm{d}z = 0. \tag{5.9}$$

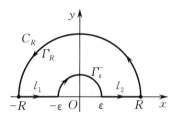

图 5-3

又

$$I = \int_0^{+\infty} \frac{\sin x}{x}\mathrm{d}x = \lim_{\substack{\varepsilon \to 0 \\ R \to +\infty}} \int_\varepsilon^R \frac{\mathrm{e}^{\mathrm{i}x} - \mathrm{e}^{-\mathrm{i}x}}{2\mathrm{i}x}\mathrm{d}x$$

$$= -\frac{\mathrm{i}}{2}\left(\lim_{\substack{\varepsilon \to 0 \\ R \to +\infty}} \int_\varepsilon^R \frac{\mathrm{e}^{\mathrm{i}x}}{x}\mathrm{d}x + \lim_{\substack{\varepsilon \to 0 \\ R \to +\infty}} \int_{-R}^{-\varepsilon} \frac{\mathrm{e}^{\mathrm{i}x}}{x}\mathrm{d}x\right)$$

$$= -\frac{\mathrm{i}}{2} \lim_{\substack{\varepsilon \to 0 \\ R \to +\infty}} \left(\int_{l_2} \frac{\mathrm{e}^{\mathrm{i}x}}{x}\mathrm{d}x + \int_{l_1} \frac{\mathrm{e}^{\mathrm{i}x}}{x}\mathrm{d}x\right),$$

结合式(5.9)可得

$$I = \int_0^{+\infty} \frac{\sin x}{x}\mathrm{d}x = \frac{\mathrm{i}}{2}\left(\lim_{R \to +\infty} \int_{\Gamma_R} f(z)\mathrm{d}z - \lim_{\varepsilon \to 0} \int_{\Gamma_\varepsilon} f(z)\mathrm{d}z\right). \tag{5.10}$$

由引理 5.3.2 知

$$\lim_{R \to +\infty} \int_{\Gamma_R} f(z)\mathrm{d}z = 0, \tag{5.11}$$

接下来我们计算积分

$$\lim_{\varepsilon \to 0} \int_{\Gamma_\varepsilon} f(z)\mathrm{d}z.$$

将函数 $f(z)$ 在区域 $0 < |z| < +\infty$ 内展开成洛朗级数

$$f(z) = \frac{\mathrm{e}^{\mathrm{i}z}}{z} = \frac{1}{z} + \left(\mathrm{i} + \frac{\mathrm{i}^2 z}{2!} + \cdots + \frac{\mathrm{i}^n z^{n-1}}{n!} + \cdots\right).$$

令函数

$$h(z) = \mathrm{i} + \frac{\mathrm{i}^2 z}{2!} + \cdots + \frac{\mathrm{i}^n z^{n-1}}{n!} + \cdots,$$

则 $h(z)$ 在点 $z=0$ 处解析,于是 $h(z)$ 在点 $z=0$ 的邻域内有上界 $M<+\infty$,即当 ε 充分小时,有

$$\left|\int_{\Gamma_\varepsilon} h(z)\mathrm{d}z\right| \leqslant M\pi\varepsilon,$$

从而

$$\lim_{\varepsilon \to 0}\int_{\Gamma_\varepsilon} f(z)\mathrm{d}z = \lim_{\varepsilon \to 0}\int_{\Gamma_\varepsilon}\frac{1}{z}\mathrm{d}z + \lim_{\varepsilon \to 0}\int_{\Gamma_\varepsilon} h(z)\mathrm{d}z$$

$$= \lim_{\varepsilon \to 0}\int_0^\pi \frac{\varepsilon\mathrm{i}\mathrm{e}^{\mathrm{i}\theta}}{\varepsilon \mathrm{e}^{\mathrm{i}\theta}}\mathrm{d}\theta + 0 = \pi\mathrm{i}. \tag{5.12}$$

将式(5.11)和式(5.12)代入式(5.10)可得

$$I = \int_0^{+\infty}\frac{\sin x}{x}\mathrm{d}x = \frac{\mathrm{i}}{2}(-\pi\mathrm{i}) = \frac{\pi}{2}.$$

由例 6 中式(5.12)的计算过程,我们实际上可以得到下面的定理.

定理 5.3.3 设函数 $f(z)$ 在实轴上有一个单极点 x_0,$f(z)$ 在点 x_0 的去心邻域 $0 < |z - x_0| < r$ 内有洛朗展开式,且在该点处的留数为 c_{-1},则有

$$\lim_{\varepsilon \to 0}\int_{\Gamma_\varepsilon} f(z)\mathrm{d}z = c_{-1}\pi\mathrm{i},$$

其中 $\Gamma_\varepsilon : z = x_0 + \varepsilon \mathrm{e}^{\mathrm{i}\theta}\ (0 \leqslant \theta \leqslant \pi, 0 < \varepsilon < r)$.

接下来,我们讨论被积函数是多值解析函数的情形. 我们需要通过支点来割开平面,将多值解析函数分成单值解析分支后,再利用柯西积分定理或柯西留数定理来计算积分值.

例 7 计算反常积分

$$I = \int_0^{+\infty}\frac{\ln x}{(4 + x^2)^2}\mathrm{d}x.$$

解 在复平面上取负虚轴为割线,考虑多值解析函数的单值解析分支

$$f(z) = \frac{\ln z}{(4 + z^2)^2}\quad \left(-\frac{\pi}{2} < \arg z < \frac{3\pi}{2}\right).$$

作辅助线

$$\Gamma_R : z = R\mathrm{e}^{\mathrm{i}\theta},\quad \Gamma_\varepsilon : z = \varepsilon \mathrm{e}^{\mathrm{i}\theta}\quad (0 \leqslant \theta \leqslant \pi, 0 < \varepsilon < R),$$
$$l_1 : -R \leqslant x \leqslant -\varepsilon,\quad l_2 : \varepsilon \leqslant x \leqslant R,$$

取简单闭曲线(见图 5-4)

$$C_R = \Gamma_R + l_1 + \Gamma_\varepsilon^- + l_2.$$

函数 $f(z)$ 在简单闭曲线 C_R 内仅有一个二阶极点 $z_0 = 2\mathrm{i}$,由柯西留数定理得

$$\int_{\Gamma_R} f(z)\mathrm{d}z + \int_{\Gamma_\varepsilon^-} f(z)\mathrm{d}z + \int_{l_1} f(z)\mathrm{d}z + \int_{l_2} f(z)\mathrm{d}z$$

$$= \oint_{C_R} f(z)\mathrm{d}z = 2\pi\mathrm{i}\mathrm{Res}[f(z), 2\mathrm{i}].$$

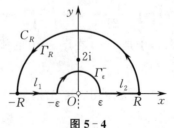

图 5-4

当 $z \in [\varepsilon, R]$ 时，$\ln z = \ln x$；当 $z \in [-R, -\varepsilon]$ 时，$\ln z = \ln(-x) + i\pi$. 又

$$\mathrm{Res}[f(z), 2i] = [(z-2i)^2 f(z)]'\big|_{z=2i} = \frac{\pi}{64} + i\frac{1-\ln 2}{32},$$

则

$$\int_{\Gamma_R} f(z)dz + \int_{\Gamma_\varepsilon^-} f(z)dz + \int_{l_1} f(z)dz + \int_{l_2} f(z)dz$$

$$= \int_{\Gamma_R} f(z)dz + \int_{\Gamma_\varepsilon^-} f(z)dz + \int_{-R}^{-\varepsilon} \left[\frac{\ln(-x)}{(x^2+4)^2} + \frac{i\pi}{(x^2+4)^2}\right]dx$$

$$+ \int_\varepsilon^R \frac{\ln x}{(x^2+4)^2}dx$$

$$= \int_{\Gamma_R} f(z)dz + \int_{\Gamma_\varepsilon^-} f(z)dz + \int_\varepsilon^R \frac{i\pi}{(x^2+4)^2}dx + 2\int_\varepsilon^R \frac{\ln x}{(x^2+4)^2}dx$$

$$= \frac{\pi(\ln 2 - 1)}{16} + \frac{\pi^2}{32}i.$$

(5.13)

因为

$$|f(z)| = \frac{|\ln|z| + i\arg z|}{|z^2+4|^2} \leqslant \frac{\ln|z| + 2\pi}{|z^2+4|^2},$$

所以

$$\lim_{R \to +\infty} |zf(z)| = 0,$$

由引理 5.3.1 知

$$\lim_{R \to +\infty} \int_{\Gamma_R} f(z)dz = 0.$$

又

$$\left|\int_{\Gamma_\varepsilon^-} f(z)dz\right| = \left|\int_{\Gamma_\varepsilon^-} \frac{\ln z}{(z^2+4)^2}dz\right| \leqslant \frac{\ln \varepsilon + 2\pi}{(4-\varepsilon^2)^2}\pi\varepsilon,$$

所以

$$\lim_{\varepsilon \to 0} \int_{\Gamma_\varepsilon^-} f(z)dz = 0.$$

显然积分 $\int_0^{+\infty} \frac{1}{(x^2+4)^2}dx$ 和 $\int_0^{+\infty} \frac{\ln x}{(x^2+4)^2}dx$ 为一实数，在式(5.13)两端令 $\varepsilon \to 0, R \to +\infty$ 后，由等号两端实部相等可得

$$\int_0^{+\infty} \frac{\ln x}{(x^2+4)^2}dx = \frac{\pi(\ln 2 - 1)}{32}.$$

另外，由等号两端虚部相等还可得

$$\int_0^{+\infty} \frac{1}{(x^2+4)^2}dx = \frac{\pi}{32}.$$

上式中的积分也是我们前面讲过的 $\int_{-\infty}^{+\infty} \frac{P(x)}{Q(z)}dx$ 型积分，读者可以用定理 5.3.1 再验证一遍.

例 8 计算反常积分
$$I = \int_0^{+\infty} \frac{x^{-\alpha}}{1+x} dx \quad (0 < \alpha < 1).$$

解 在复平面上取正实轴为割线，考虑多值解析函数的单值解析分支
$$f(z) = \frac{z^{-\alpha}}{1+z} \quad (0 < \arg z < 2\pi, 0 < \alpha < 1).$$

作辅助线
$$\Gamma_R: z = Re^{i\theta}, \quad \Gamma_\varepsilon: z = \varepsilon e^{i\theta} \quad (0 < \theta < 2\pi, 0 < \varepsilon < R),$$

l_1 表示沿正实轴下沿从 R 到 ε，l_2 表示沿正实轴上沿从 ε 到 R，取简单闭曲线（见图 5-5）
$$C = \Gamma_R + l_1 + \Gamma_\varepsilon^- + l_2.$$

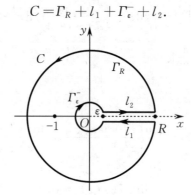

图 5-5

函数 $f(z)$ 在简单闭曲线 C 内仅有一个单极点 $z_0 = -1$，由柯西留数定理得
$$\int_{\Gamma_R} f(z)dz + \int_{\Gamma_\varepsilon^-} f(z)dz + \int_{l_1} f(z)dz + \int_{l_2} f(z)dz$$
$$= \oint_C f(z)dz = 2\pi i \text{Res}[f(z), -1],$$

其中
$$\text{Res}[f(z), -1] = \lim_{z \to -1}(z+1)f(z) = (-1)^{-\alpha} = e^{-i\alpha \arg(-1)} = e^{-\alpha\pi i}.$$

因为当 z 沿正实轴上沿从 ε 到 R 时，$f(z) = \frac{x^{-\alpha}}{1+x}$，当 z 沿正实轴下沿从 R 到 ε 时，$f(z) = \frac{x^{-\alpha}e^{-2\alpha\pi i}}{1+x}$，所以
$$\int_{l_1} f(z)dz + \int_{l_2} f(z)dz = \int_R^\varepsilon \frac{x^{-\alpha}e^{-2\alpha\pi i}}{1+x}dx + \int_\varepsilon^R \frac{x^{-\alpha}}{1+x}dx$$
$$= (1 - e^{-2\alpha\pi i})\int_\varepsilon^R \frac{x^{-\alpha}}{1+x}dx.$$

又因为
$$\left|\int_{\Gamma_R} f(z)dz\right| \leq \int_{\Gamma_R} \frac{|z|^{-\alpha}|e^{-i\alpha \arg z}|}{|1+z|}ds$$
$$\leq \frac{1}{R^\alpha(R-1)} \cdot 2\pi R \quad (0 < \alpha < 1),$$

所以
$$\lim_{R\to+\infty}\int_{\Gamma_R}f(z)\mathrm{d}z=0.$$

类似地,有
$$\left|\int_{\Gamma_\varepsilon^-}f(z)\mathrm{d}z\right|\leqslant\int_{\Gamma_\varepsilon^-}\frac{|z|^{-\alpha}|\mathrm{e}^{-\mathrm{i}\alpha\arg z}|}{|1+z|}\mathrm{d}s$$
$$\leqslant\frac{1}{\varepsilon^\alpha(1-\varepsilon)}\cdot 2\pi\varepsilon\quad(0<\alpha<1),$$

从而
$$\lim_{\varepsilon\to 0}\int_{\Gamma_\varepsilon^-}f(z)\mathrm{d}z=0.$$

综上可得
$$\int_0^{+\infty}\frac{x^{-\alpha}}{1+x}\mathrm{d}x=2\pi\mathrm{i}\cdot\mathrm{e}^{-\alpha\pi\mathrm{i}}\cdot\frac{1}{1-\mathrm{e}^{-2\alpha\pi\mathrm{i}}}=\frac{\pi}{\sin\alpha\pi}.$$

5.4 辐角原理及其应用

1. 辐角原理

留数理论的另一个重要应用就是计算形如
$$\frac{1}{2\pi\mathrm{i}}\oint_C\frac{f'(z)}{f(z)}\mathrm{d}z$$
的积分. 因为
$$\frac{f'(z)}{f(z)}=\frac{\mathrm{d}}{\mathrm{d}z}[\ln f(z)],$$
所以我们又称上述积分为函数 $f(z)$ 的**对数留数**. 对被积函数来说,可能成为它的奇点的只有函数 $f(z)$ 的零点和奇点.

在区域 D 内除极点外解析的函数称为 D 内的亚纯函数. 设 D 是由简单闭曲线 C 围成的有界区域, $w=f(z)$ 是 D 内的亚纯函数, $f(z)$ 在 C 上解析且不等于零,则 $f(z)$ 将 D 映射成以 Γ 为边界的区域,且 Γ 不经过原点. 取定曲线 C 上一点 z_0,则对应曲线 Γ 上一点 $w_0=f(z_0)$,当 z 从 z_0 开始沿 C 的正方向连续变动一周时,相应地 w 从 w_0 开始沿 Γ 的正方向连续变动回到 w_0,其辐角相应地从 $\varphi_0=\arg w_0$ 连续变化到 φ_1,增量为 $\varphi_1-\varphi_0$,显然该增量与 z_0 的选取无关. 若曲线 Γ 不包含原点,则 $\varphi_1-\varphi_0=0$;若曲线 Γ 包含原点,且 w 绕原点沿逆时针方向转了 n 圈,则 $\varphi_1-\varphi_0=2n\pi$;若是绕原点沿顺时针方向转了 m 圈,则 $\varphi_1-\varphi_0=-2m\pi$(见图 5-6).

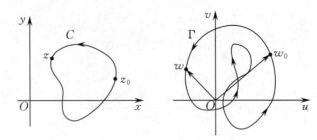

图 5-6

如果我们用 $\Delta_C \arg f(z)$ 表示 z 沿 C 的正方向绕行一周后函数辐角 $\arg f(z)$ 的增量,那么它是 2π 的整倍数. 于是

$$\frac{1}{2\pi} \Delta_C \arg f(z)$$

表示 w 沿 Γ 绕原点转动的圈数,正数表示沿逆时针方向转动,负数表示沿顺时针方向转动. 接下来的定理将告诉我们 w 绕原点转动的圈数还可以由函数 $f(z)$ 在简单闭曲线 C 内的零点和极点的个数来确定.

定理 5.4.1（辐角原理） 设 D 是复平面上的一个有界区域,其边界 C 是一条简单闭曲线或复周线. 若函数 $f(z)$ 是区域 D 内的亚纯函数,它在曲线 C 上解析且不等于零,用 Z 和 P 分别表示 $f(z)$ 在 C 内的零点个数和极点个数（个数按阶数计算）,则有

$$\frac{1}{2\pi} \Delta_C \arg f(z) = Z - P.$$

证明 为了证明该定理,我们分别用两种方法来计算下面复积分的值:

$$\oint_C \frac{f'(z)}{f(z)} dz.$$

方法一 设曲线 C 的参数方程为 $z = z(t)$ ($a \leqslant t \leqslant b$). 因为函数 $f(z)$ 在曲线 C 上不等于零,所以对任意点 $z \in C$, $f(z)$ 有指数表达式

$$f(z) = \rho(t) e^{i\varphi(t)} \quad (a \leqslant t \leqslant b),$$

且

$$\rho(a) = \rho(b), \quad \Delta_C \arg f(z) = \varphi(b) - \varphi(a).$$

于是

$$f'(z) = \rho'(t) e^{i\varphi(t)} + i\rho(t) e^{i\varphi(t)} \varphi'(t),$$

从而可得

$$\oint_C \frac{f'(z)}{f(z)} dz = \int_a^b \frac{\rho'(t) e^{i\varphi(t)} + i\rho(t) e^{i\varphi(t)} \varphi'(t)}{\rho(t) e^{i\varphi(t)}} dt$$

$$= \int_a^b \frac{\rho'(t)}{\rho(t)} dt + i \int_a^b \varphi'(t) dt$$

$$= \ln \rho(t) \Big|_a^b + i \varphi(t) \Big|_a^b = i \Delta_C \arg f(z). \quad (5.14)$$

方法二 设函数 $f(z)$ 在 C 内具有 m_k 阶零点 z_k,则由定理 4.3.3,可设

$$f(z)=(z-z_k)^{m_k}\varphi(z),$$

其中 $\varphi(z)$ 在点 z_k 处解析,且 $\varphi(z_k)\neq 0$. 于是

$$\frac{f'(z)}{f(z)}=\frac{m_k(z-z_k)^{m_k-1}\varphi(z)+(z-z_k)^{m_k}\varphi'(z)}{(z-z_k)^{m_k}\varphi(z)}$$

$$=\frac{m_k}{z-z_k}+\frac{\varphi'(z)}{\varphi(z)}.$$

因为函数 $\dfrac{\varphi'(z)}{\varphi(z)}$ 在点 z_k 处解析,所以

$$\operatorname{Res}\left[\frac{f'(z)}{f(z)},z_k\right]=m_k. \tag{5.15}$$

设函数 $f(z)$ 在 C 内具有 n_l 阶极点 z_l,则由定理 5.2.2,可设

$$f(z)=\frac{\psi(z)}{(z-z_l)^{n_l}},$$

其中 $\psi(z)$ 在点 z_l 处解析,且 $\psi(z_l)\neq 0$. 于是

$$\frac{f'(z)}{f(z)}=\frac{\dfrac{\psi'(z)(z-z_l)^{n_l}-n_l\psi(z)(z-z_l)^{n_l-1}}{(z-z_l)^{2n_l}}}{\dfrac{\psi(z)}{(z-z_l)^{n_l}}}=-\frac{n_l}{z-z_l}+\frac{\psi'(z)}{\psi(z)}.$$

因为函数 $\dfrac{\psi'(z)}{\psi(z)}$ 在点 z_l 处解析,所以

$$\operatorname{Res}\left[\frac{f'(z)}{f(z)},z_l\right]=-n_l. \tag{5.16}$$

由柯西留数定理及式(5.15)和式(5.16)得

$$\oint_C \frac{f'(z)}{f(z)}\mathrm{d}z=2\pi\mathrm{i}(Z-P). \tag{5.17}$$

最后,根据方法一和方法二中得到的式(5.14)和式(5.17),可得

$$\frac{1}{2\pi}\Delta_C\arg f(z)=Z-P.$$

例如,函数 $w=\dfrac{1}{z^2}$ 在单位圆周 $C:z=\mathrm{e}^{\mathrm{i}\theta}(0\leqslant\theta\leqslant 2\pi)$ 上解析且不等于零,在 C 内除去一个二阶极点 $z=0$ 外解析,则由定理 5.4.1 可得

$$\frac{1}{2\pi}\Delta_C\arg\frac{1}{z^2}=-2.$$

另一方面,函数 $w=\dfrac{1}{z^2}$ 的原像沿着单位圆周 $C:z=\mathrm{e}^{\mathrm{i}\theta}(0\leqslant\theta\leqslant 2\pi)$ 按逆时针方向转动一周,则其像 $\Gamma:w=\mathrm{e}^{-2\mathrm{i}\theta}(0\leqslant\theta\leqslant 2\pi)$ 绕点 $w=0$ 按顺时针方向转动两周,所以

$$\frac{1}{2\pi}\Delta_C\arg\frac{1}{z^2}=-2.$$

2. 儒歇定理

下面我们介绍辐角原理的一个推论——儒歇定理,此定理便于我们考察函数零点的分布情况.

定理 5.4.2 设 C 是一条简单闭曲线.若函数 $f(z)$ 和 $g(z)$ 在 C 上及其内部均解析,并且在 C 上每点均有 $|g(z)|<|f(z)|$,则 $f(z)$ 和 $f(z)+g(z)$ 在 C 内具有相同的零点个数(个数按阶数计算).

证明 由题设条件知,在 C 上有
$$|f(z)|>|g(z)|\geqslant 0, \quad |f(z)+g(z)|\geqslant |f(z)|-|g(z)|>0,$$
所以函数 $f(z)$ 和 $f(z)+g(z)$ 在 C 上没有零点. 又因为
$$f(z)+g(z)=f(z)\left[1+\frac{g(z)}{f(z)}\right],$$
所以
$$\Delta_C \arg[f(z)+g(z)]=\Delta_C \arg f(z)+\Delta_C \arg\left[1+\frac{g(z)}{f(z)}\right].$$
设函数
$$w=1+\frac{g(z)}{f(z)},$$
则
$$|w-1|=\left|\frac{g(z)}{f(z)}\right|<1,$$
即 w 在以点 1 为圆心、1 为半径的圆盘内部. 由于该圆盘内不含原点,因此 $\Delta_C \arg w=0$. 于是
$$\Delta_C \arg[f(z)+g(z)]=\Delta_C \arg f(z).$$
由辐角原理知,函数 $f(z)$ 和 $f(z)+g(z)$ 在 C 内具有相同的零点个数(个数按阶数计算).

例 1 求方程 $z^8-4z^5+z^2-1=0$ 在圆盘 $|z|<1$ 内根的个数.

解 设函数
$$f(z)=-4z^5, \quad g(z)=z^8+z^2-1,$$
则在圆周 $|z|=1$ 上,有
$$|f(z)|=|-4z^5|=4,$$
$$|g(z)|=|z^8+z^2-1|\leqslant |z|^8+|z|^2+1=3<|f(z)|.$$
由儒歇定理可得,函数 $f(z)$ 和 $f(z)+g(z)$ 在圆盘 $|z|<1$ 内具有相同的零点个数. 显然,$z=0$ 是函数 $f(z)=-4z^5$ 的 5 阶零点,因此原方程在圆盘 $|z|<1$ 内有 5 个根.

例 2 求方程 $z^4-5z+1=0$ 在圆环 $1<|z|<2$ 内根的个数.

解 设函数

$$f(z)=-5z, \quad g(z)=z^4+1,$$

则在圆周 $|z|=1$ 上,有

$$|f(z)|=|-5z|=5, \quad |g(z)|=|z^4+1|\leqslant|z|^4+1=2<|f(z)|.$$

由儒歇定理可得,函数 $f(z)$ 和 $f(z)+g(z)$ 在圆盘 $|z|<1$ 内具有相同的零点个数,而在圆周 $|z|=1$ 上没有零点. 显然,$z=0$ 是函数 $f(z)=-5z$ 在圆盘 $|z|<1$ 内的单零点,因此原方程在 $|z|<1$ 内有 1 个根.

又当 $|z|\geqslant 2$ 时,有

$$|z^4-5z+1|\geqslant|z|^4-5|z|-1\geqslant 16-10-1=5>0,$$

所以方程 $z^4-5z+1=0$ 在 $|z|\geqslant 2$ 上没有根.

根据代数学基本定理,原方程共有 4 个根,而在圆环 $1<|z|<2$ 外只有 1 个根,因此剩下的 3 个根全部落在圆环 $1<|z|<2$ 内.

习题五

1. 填空题:

(1) 设函数 $f(z)=\dfrac{(1+z)^2}{z^4-1}$,则 $\text{Res}[f(z),1]=$ _____;

(2) 设函数 $f(z)=\dfrac{z^7}{(z^2-1)^3(z^2+2)}$,则 $f(z)$ 在复平面上所有孤立奇点处留数的和为_____;

(3) 设函数 $f(z)=(z^2+1)^2$,C 为圆周 $|z|=\dfrac{1}{2}$,则 $\Delta_C \arg f(z)=$ _____;

(4) 设函数 $f(z)=\dfrac{z^2+1}{z^5}$,C 为圆周 $|z|=2$,则 $\dfrac{1}{2\pi i}\oint_C \dfrac{f'(z)}{f(z)}dz=$ _____;

(5) $z=0$ 为函数 $z^3-\sin z^3$ 的_____阶零点;

(6) 设 $z=a$ 为函数 $f(z)$ 的 m 阶极点,则 $\text{Res}\left[\dfrac{f'(z)}{f(z)},a\right]=$ _____.

2. 单项选择题:

(1) 函数 $f(z)=z^7+5z^4-2z+1$ 在圆盘 $|z|<1$ 内的零点个数为( );

A. 0   B. 1   C. 3   D. 4

(2) 反常积分 $\displaystyle\int_0^{+\infty}\dfrac{1}{(1+x^2)^2}dx$ 的值为( );

A. $\dfrac{\pi}{4}$ B. $\dfrac{\pi}{2}$ C. π D. 2π

(3) 设 C 为圆周 $|z|=2$,则 $\oint_C \dfrac{z}{1-z}e^{\frac{1}{z}}dz$ 的值为( );

A. $-4\pi i$ B. $-2\pi i$ C. $-2\pi ei$ D. 0

(4) 函数 $\dfrac{\cot \pi z}{2z-3}$ 在圆周 $|z-\mathrm{i}|=2$ 内的奇点个数为(   );

A. 1   B. 2   C. 3   D. 4

(5) 设函数 $f(z)$ 与 $g(z)$ 分别以 $z=a$ 为本质奇点与 m 阶极点,则 $z=a$ 为函数 $f(z)g(z)$ 的(   );

A. 可去奇点   B. 本质奇点

C. m 阶极点   D. 小于 m 阶的极点

(6) 下列命题中正确的是(   ).

A. 设函数 $f(z)=(z-z_0)^{-m}\varphi(z)$,$\varphi(z)$ 在点 z_0 处解析,m 为自然数,则 z_0 为 $f(z)$ 的 m 阶极点

B. 如果无穷远点 ∞ 是函数 $f(z)$ 的可去奇点,那么 $\mathrm{Res}[f(z),\infty]=0$

C. 若 $z=0$ 为偶函数 $f(z)$ 的孤立奇点,则 $\mathrm{Res}[f(z),0]=0$

D. 若 C 为简单闭曲线,且 $\oint_C f(z)\mathrm{d}z=0$,则 $f(z)$ 在 C 内无奇点

3. 指出下列函数的有限奇点,如果是极点,请指出它们的阶数:

(1) $\dfrac{1}{z(z^2+1)^2}$;

(2) $\dfrac{\sin z}{z^3}$;

(3) $\dfrac{\ln(z+1)}{z}$;

(4) $\mathrm{e}^{\frac{1}{z-1}}$;

(5) $\dfrac{1}{\sin z^2}$.

4. 求下列函数在有限奇点处的留数:

(1) $\dfrac{z+1}{z^2-2z}$;

(2) $\dfrac{1-\mathrm{e}^{2z}}{z^4}$;

(3) $\dfrac{1+z^4}{(z^2+1)^3}$;

(4) $\dfrac{z}{\cos z}$;

(5) $\cos\dfrac{1}{1-z}$;

(6) $z\sin\dfrac{1}{z}$.

5. 计算下列积分:

(1) $\oint_C \dfrac{\sin z}{z}\mathrm{d}z$,其中 C 为圆周 $|z|=\dfrac{3}{2}$;

(2) $\oint_C \dfrac{\mathrm{e}^{2z}}{(z-1)^2}\mathrm{d}z$,其中 C 为圆周 $|z|=2$;

(3) $\oint_C \dfrac{1-\cos z}{z^m}\mathrm{d}z$,其中 C 为圆周 $|z|=\dfrac{3}{2}$ $(m=0,1,2,\cdots)$;

(4) $\oint_C \tan \pi z\,\mathrm{d}z$,其中 C 为圆周 $|z|=3$.

6. 判断无穷远点 ∞ 是下列函数的什么奇点,并求出下列函数在无穷远点 ∞ 处的留数:

(1) $\mathrm{e}^{\frac{1}{z^2}}$;

(2) $\cos z - \sin z$;

(3) $\dfrac{2z}{3+z^2}$.

7. 计算积分

$$\oint_C \dfrac{z^{15}}{(z^2+1)^2(z^4+2)^3}\mathrm{d}z,$$

其中 C 为圆周 $|z|=3$.

8. 计算下列实积分：

(1) $\displaystyle\int_0^{2\pi}\dfrac{1}{5+3\sin\theta}\mathrm{d}\theta$;

(2) $\displaystyle\int_0^{2\pi}\dfrac{\sin^2\theta}{a+b\cos\theta}\mathrm{d}\theta\,(a>b>0)$;

(3) $\displaystyle\int_0^{+\infty}\dfrac{x^2}{1+x^4}\mathrm{d}x$;

(4) $\displaystyle\int_{-\infty}^{+\infty}\dfrac{\cos x}{x^2+4x+5}\mathrm{d}x$;

(5) $\displaystyle\int_{-\infty}^{+\infty}\dfrac{x\sin x}{1+x^2}\mathrm{d}x$;

(6) $\displaystyle\int_{-\infty}^{+\infty}\dfrac{\cos(x-1)}{1+x^2}\mathrm{d}x$.

9. 证明：

$$\int_0^{+\infty}\dfrac{1}{1+x^n}\mathrm{d}x=\dfrac{\pi}{n\sin\dfrac{\pi}{n}}\quad(n=2,3,\cdots).$$

10. 证明：方程 $z^7-z^3+12=0$ 的根都在圆环 $1<|z|<2$ 内.

11. 试证明代数学基本定理：任一 $n(\geqslant 1)$ 次代数方程至少有一个根.

第六章

共形映射

6.1 分式线性变换

1. 整线性变换

考虑映射 $w=Az(z\neq 0)$，其中 A 为非零复常数. 若我们分别取其指数表达式 $A=ae^{i\alpha}, z=re^{i\theta}$，则
$$w=ae^{i\alpha}re^{i\theta}=are^{i(\alpha+\theta)}.$$
也就是说，在映射 $w=Az$ 下，z 的模长拉伸 a 倍作为 w 的模长，z 的辐角转过了 α 作为 w 的辐角.

再考虑映射 $w=z+B$，其中 B 为复常数. 若我们分别取其代数表达式 $w=u+iv, B=a+ib, z=x+iy$，则
$$u+iv=(a+x)+i(b+y).$$
也就是说，在映射 $w=z+B$ 下，z 的实部平移了 a 个单位，虚部平移了 b 个单位.

一般情况下，我们把形如
$$w=Az+B \quad (A\neq 0, z\neq 0)$$
的映射称为**整线性变换**. 从几何上来看，整线性变换可以分解成三个简单的变换：旋转、伸缩和平移.

性质 1 在整线性变换下，原像和像在不改变图像方向的情况下相似.

2. 反演变换

我们把映射
$$w=T(z)=\frac{1}{z} \quad (z\neq 0)$$
称为**反演变换**. 它可分解为下面两个更简单变换的复合：
$$\omega=\frac{1}{\bar{z}}, \quad w=\bar{\omega}.$$
前一个变换是关于单位圆周的对称变换，它把 z 映射成 ω，它们的辐角相同，

模长互为倒数. 后一个变换是关于实轴的对称变换,它把 ω 映射成 w,它们互为共轭复数,模长相等,辐角互为相反数. 如图 6-1 所示,连接 Oz,过点 z 作 Oz 的垂线与单位圆周交于点 A,以 A 为切点作单位圆周的切线与 Oz 的延长线交于点 ω. 作点 ω 关于实轴的对称点即得点 w.

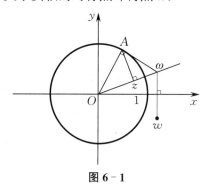

图 6-1

设 $w=u+\mathrm{i}v$, $z=x+\mathrm{i}y$,因为 $z\bar{z}=|z|^2$,所以 $w=\dfrac{1}{z}=\dfrac{\bar{z}}{|z|^2}$. 比较等式两端的实部和虚部可得

$$u=\frac{x}{x^2+y^2}, \quad v=\frac{-y}{x^2+y^2}.$$

同理可得

$$x=\frac{u}{u^2+v^2}, \quad y=\frac{-v}{u^2+v^2}.$$

设有方程

$$A(x^2+y^2)+Bx+Cy+D=0, \tag{6.1}$$

其中 A,B,C,D 为实常数且满足不等式 $B^2+C^2>4AD$. 当 $A=0$ 时,方程 (6.1) 表示一条直线;当 $A\neq 0$ 时,方程 (6.1) 表示一个圆.

设反演变换 $w=T(z)$ 把满足方程 (6.1) 的点 $z=x+\mathrm{i}y$ 映射成点 $w=u+\mathrm{i}v$,则把

$$x=\frac{u}{u^2+v^2}, \quad y=\frac{-v}{u^2+v^2}$$

代入方程 (6.1) 可得

$$D(u^2+v^2)+Bu-Cv+A=0. \tag{6.2}$$

因为 $B^2+C^2>4AD$,所以当 $D=0$ 时,方程 (6.2) 表示一条直线;当 $D\neq 0$ 时,方程 (6.2) 表示一个圆. 反之,若反演变换 $w=T(z)$ 的像 $w=u+\mathrm{i}v$ 满足方程 (6.2),则其原像 $z=x+\mathrm{i}y$ 满足方程 (6.1).

综上可得:

(1) 当 $A\neq 0$ 且 $D\neq 0$ 时,反演变换 $w=T(z)$ 把 z 平面上不过原点的圆映射成 w 平面上不过原点的圆.

(2) 当 $A\neq 0$ 且 $D=0$ 时,反演变换 $w=T(z)$ 把 z 平面上过原点的圆映射成 w 平面上不过原点的直线.

(3) 当 $A=0$ 且 $D\neq 0$ 时,反演变换 $w=T(z)$ 把 z 平面上不过原点的直线映射成 w 平面上过原点的圆.

(4) 当 $A=0$ 且 $D=0$ 时,反演变换 $w=T(z)$ 把 z 平面上过原点的直线映射成 w 平面上过原点的直线.

若设
$$T(0)=\lim_{z\to 0}\frac{1}{z}=\infty,\quad T(\infty)=\lim_{z\to\infty}\frac{1}{z}=0,$$
则反演变换 $w=T(z)$ 在扩充复平面上构成一个双射.

性质 2 如果把直线看作扩充复平面上过无穷远点 ∞ 的圆,那么在扩充复平面上,反演变换 $w=T(z)$ 把 z 平面上的圆映射成 w 平面上的圆.

3. 分式线性变换

我们把形如
$$w=f(z)=\frac{az+b}{cz+d}\quad (ad-bc\neq 0) \tag{6.3}$$
的映射称为**分式线性变换**,其中 a,b,c,d 为复常数.

当 $c=0$ 时,式(6.3)变成
$$w=\frac{a}{d}z+\frac{b}{d}\quad (ad\neq 0),$$
这就是前面讲的整线性变换.

当 $c\neq 0$ 时,式(6.3)可改写成
$$w=\frac{a}{c}+\frac{bc-ad}{c}\cdot\frac{1}{cz+d}\quad (ad-bc\neq 0).$$
也就是说,当 $c\neq 0$ 时,分式线性变换可以由下面三个简单变换复合而成:
$$\xi=cz+d,\quad \eta=\frac{1}{\xi},\quad w=\frac{a}{c}+\frac{bc-ad}{c}\eta. \tag{6.4}$$

若在扩充复平面上补充定义:当 $c=0$ 时,$f(\infty)=\infty$,当 $c\neq 0$ 时,
$$f(\infty)=\frac{a}{c},\quad f\left(-\frac{d}{c}\right)=\infty,$$
则分式线性变换 $w=f(z)$ 在扩充复平面上构成一个双射,且其逆变换
$$z=f^{-1}(w)=\frac{-dw+b}{cw-a}\quad (ad-bc\neq 0)$$
仍然是一个分式线性变换,当 $c=0$ 时,$f^{-1}(\infty)=\infty$,当 $c\neq 0$ 时,
$$f^{-1}\left(\frac{a}{c}\right)=\infty,\quad f^{-1}(\infty)=-\frac{d}{c}.$$

由分式线性变换的分解式(6.4)及性质1和性质2,可得如下定理.

定理 6.1.1 在扩充复平面上,分式线性变换 $w=f(z)$ 把 z 平面上的圆映射成 w 平面上的圆.

这一性质称为分式线性变换的**保圆性**.

不难验证,分式线性变换的复合还是分式线性变换.

例 1 是否存在唯一的分式线性变换 $w=S(z)$,使其将 z 平面上不同的三个点
$$z_1=-1, \quad z_2=0, \quad z_3=1$$
分别映射成 w 平面上对应的三个不同的点
$$w_1=-\mathrm{i}, \quad w_2=1, \quad w_3=\mathrm{i}.$$

解 因为 $S(0)=1$,所以可设
$$w=S(z)=\frac{az+b}{cz+b} \quad [b(a-c)\neq 0],$$
其中 a,b,c 为复常数. 把 $S(-1)=-\mathrm{i},S(1)=\mathrm{i}$ 代入上面的函数表达式,可得
$$\begin{cases} \mathrm{i}c-\mathrm{i}b=-a+b, \\ \mathrm{i}c+\mathrm{i}b=a+b, \end{cases}$$
从而解得 $c=-\mathrm{i}b, a=\mathrm{i}b$. 于是存在满足题设条件的唯一的分式线性变换
$$w=S(z)=\frac{\mathrm{i}z+1}{-\mathrm{i}z+1}=\frac{\mathrm{i}-z}{\mathrm{i}+z}.$$

例 2 是否存在唯一的分式线性变换 $w=S(z)$,使其将扩充 z 平面上不同的三个点
$$z_1=1, \quad z_2=0, \quad z_3=-1$$
分别映射成扩充 w 平面上对应的三个不同的点
$$w_1=\mathrm{i}, \quad w_2=\infty, \quad w_3=1.$$

解 因为 $S(0)=\infty$,由分式线性变换在扩充复平面上的定义,可知 $c\neq 0, d=0$,所以可设
$$w=S(z)=\frac{az+b}{cz} \quad (bc\neq 0),$$
其中 a,b,c 为复常数. 把 $S(1)=\mathrm{i},S(-1)=1$ 代入上面的函数表达式,可得
$$\begin{cases} \mathrm{i}c=a+b, \\ -c=-a+b, \end{cases}$$
从而解得 $2a=(\mathrm{i}+1)c, 2b=(\mathrm{i}-1)c$. 于是存在满足题设条件的唯一的分式线性变换
$$w=S(z)=\frac{(\mathrm{i}+1)z+(\mathrm{i}-1)}{2z}.$$

从以上两个例子中我们总结出如下定理.

定理 6.1.2 对于扩充 z 平面上任意三个不同的点 z_1,z_2,z_3,以及扩充 w 平面上任意三个不同的点 w_1,w_2,w_3,**存在唯一的分式线性变换,把 z_1,z_2,z_3 分别映射成 w_1,w_2,w_3.**

证明 首先,我们来证明方程
$$\frac{(w-w_1)(w_2-w_3)}{(w-w_3)(w_2-w_1)}=\frac{(z-z_1)(z_2-z_3)}{(z-z_3)(z_2-z_1)} \tag{6.5}$$

确定了一个分式线性变换,该变换将 z_1, z_2, z_3 分别映射成 w_1, w_2, w_3.

把式(6.5)改写成下面的形式:
$$(z-z_3)(w-w_1)(z_2-z_1)(w_2-w_3)$$
$$=(z-z_1)(w-w_3)(z_2-z_3)(w_2-w_1). \qquad (6.6)$$

若在式(6.6)中令 $z=z_1$,则其右端等于 0,可解得 $w=w_1$. 类似地,令 $z=z_3$,可解得 $w=w_3$. 若令 $z=z_2$,则有
$$(w-w_1)(w_2-w_3)=(w-w_3)(w_2-w_1),$$
化简得 $(w-w_2)(w_3-w_1)=0$,从而解得 $w=w_2$.

另一方面,我们把式(6.6)展开,可得如下形式的方程:
$$czw-az+dw-b=0, \qquad (6.7)$$
其中 a,b,c,d 为由 z_1, z_2, z_3 和 w_1, w_2, w_3 确定的复常数,且满足
$$ad-bc=(z_1-z_3)(z_2-z_1)(z_2-z_3)(w_1-w_3)(w_2-w_1)(w_2-w_3)$$
$$\neq 0.$$

显然,方程(6.7)与分式线性变换
$$w=\frac{az+b}{cz+d} \quad (ad-bc\neq 0)$$
等价.

唯一性可以由类似例1、例2的求解过程得出.

我们把扩充复平面上有顺序的四个相异点 w_1, w_2, w_3, w_4 构成的量
$$\frac{w_4-w_1}{w_4-w_3} : \frac{w_2-w_1}{w_2-w_3}$$
称为它们的**交比**,记作 (w_1, w_3, w_2, w_4). 特别地,当四个点中有一点为 ∞ 时,将包含此点的项用 1 代替.

推论 1 在分式线性变换下,交比不变.

以例2为例,当 $w_2=\infty$ 时,我们可把方程(6.5)改设为
$$\frac{w-w_1}{w-w_3}=\frac{(z-z_1)(z_2-z_3)}{(z-z_3)(z_2-z_1)},$$
将 z_1, z_2, z_3 和 w_1, w_3 代入上式,可得
$$\frac{w-\mathrm{i}}{w-1}=\frac{(z-1)(0+1)}{(z+1)(0-1)},$$
于是
$$w=\frac{(\mathrm{i}+1)z+(\mathrm{i}-1)}{2z}.$$
这与例2所得结果一致.

由定理 6.1.1 和定理 6.1.2 可得如下推论.

推论 2 对于扩充 z 平面和扩充 w 平面上的任何两个圆,它们之间存在一个分式线性变换.

4. 三个特殊的分式线性变换

(1) 把上半平面 $\operatorname{Im} z > 0$ 映射成圆盘 $|w| < 1$ 的分式线性变换.

首先,我们考虑把直线 $\operatorname{Im} z = 0$ 映射成圆周 $|w| = 1$ 的分式线性变换. 由定理 6.1.2,我们只须考虑把 $\operatorname{Im} z = 0$ 上的三个点
$$z_1 = 1, \quad z_2 = 0, \quad z_3 = \infty$$
映射成三个互异且满足 $|w| = 1$ 的点的分式线性变换
$$w = f(z) = \frac{az+b}{cz+d} \quad (ad - bc \neq 0).$$

因为 $f(z)$ 把无穷远点 ∞ 映射成了有限点,所以由分式线性变换在扩充复平面上的定义,可知
$$|f(\infty)| = \left|\frac{a}{c}\right| = 1,$$
从而
$$|a| = |c| \neq 0,$$
且可设
$$\frac{a}{c} = e^{i\theta},$$
其中 θ 为实常数.

又当 $z_2 = 0$ 时满足
$$|f(0)| = \left|\frac{b}{d}\right| = 1,$$
从而
$$|b| = |d| \neq 0.$$
于是
$$w = f(z) = \frac{az+b}{cz+d} = \frac{a}{c} \cdot \frac{z+(b/a)}{z+(d/c)} = e^{i\theta} \frac{z-\alpha}{z-\beta}, \tag{6.8}$$
其中 α, β 为复常数,且满足 $|\alpha| = |\beta| \neq 0$. 由 $|f(1)| = 1$ 可得
$$|1-\alpha| = |1-\beta|, \quad 即 \quad (1-\alpha)(1-\overline{\alpha}) = (1-\beta)(1-\overline{\beta}).$$
又 $|\alpha| = |\beta|$,化简上式可得
$$\alpha + \overline{\alpha} = \beta + \overline{\beta}, \quad 即 \quad \operatorname{Re}\alpha = \operatorname{Re}\beta,$$
从而可得 $\alpha = \beta$ 且为实常数或 $\beta = \overline{\alpha}$. 若 $\alpha = \beta$,则 $w = e^{i\theta}$ 恒为常数(舍弃),所以 $\beta = \overline{\alpha}$. 于是式(6.8)可化成
$$w = f(z) = e^{i\theta} \frac{z-\alpha}{z-\overline{\alpha}}.$$

显然,该映射把 z 平面上的点 α 映射成 w 平面上的原点 $w = 0$,而我们需要的是把上半平面 $\operatorname{Im} z > 0$ 映射成圆盘 $|w| < 1$ 的分式线性变换,也就是要求 $w = 0$ 是上半平面上的点 α 的像,所以要求 $\operatorname{Im} \alpha > 0$.

于是,所求分式线性变换为

$$w = f(z) = e^{i\theta} \frac{z-\alpha}{z-\bar{\alpha}} \quad (\operatorname{Im}\alpha > 0, \theta \in \mathbf{R}). \tag{6.9}$$

反之,形如式(6.9)的分式线性变换可以把上半平面 $\operatorname{Im} z > 0$ 映射成圆盘 $|w| < 1$,我们可以直观地从几何角度来解释这一点. 如图 6-2 所示,任取上半平面上一点 z,因为 α 也在上半平面,所以有

$$|z - \alpha| < |z - \bar{\alpha}|,$$

从而

$$|w| = \left| e^{i\theta} \frac{z-\alpha}{z-\bar{\alpha}} \right| < 1.$$

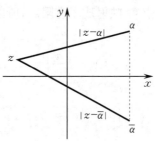

图 6-2

若点 z_1, z_2 均在过点 a 的同一射线上,且满足

$$|z_1 - a| \cdot |z_2 - a| = R^2,$$

则称它们**关于圆周** $\varGamma: |z - a| = R$ **对称**. 我们规定圆心 a 与无穷远点 ∞ 关于圆周 $\varGamma$ 对称.

定理 6.1.3 扩充复平面上两点 z_1, z_2 关于圆周 $\varGamma$ 对称的充要条件是:通过 z_1, z_2 的任意圆周 C 都与 $\varGamma$ 正交.

证明 我们只证明 $\varGamma$ 为有限圆周 $|z - z_0| = R (0 < R < +\infty)$,而 z_1, z_2 为有限点的情形.

必要性. 设点 z_1, z_2 关于圆周 $\varGamma$ 对称,作过点 z_1, z_2 的任意圆周 C,过点 z_0 作圆 C 的切线,切点记作 z'(见图 6-3).

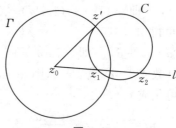

图 6-3

因为

$$|z_0 - z'|^2 = |z_0 - z_1| \cdot |z_0 - z_2| = R^2, \quad 即 \quad |z_0 - z'| = R,$$

所以 z' 在圆周 $\varGamma$ 上,从而 $\varGamma$ 与 C 正交.

充分性. 过点 z_1, z_2 作任意圆周 C,设 z' 为 C 与 $\varGamma$ 的一个交点,因为 C 与

Γ 正交,所以 Γ 的半径 $z_0 z'$ 必为 C 的切线. 由于连接点 z_1, z_2 的直线必经过圆周 Γ 的圆心 z_0(因为过 z_1, z_2 的直线与 Γ 正交),因此
$$R^2 = |z_0 - z'|^2 = |z_0 - z_1| \cdot |z_0 - z_2|,$$
即 z_1, z_2 关于 Γ 对称.

注 若两个圆周在其交点处的切线垂直,则称它们正交.

定理 6.1.4 如果一个分式线性变换把扩充 z 平面上的圆周 C 映射成扩充 w 平面上的圆周 Γ,那么它把关于圆周 C 对称的点 z_1, z_2 分别映射成关于圆周 Γ 对称的点 w_1, w_2.

(2) 把圆盘 $|z| < 1$ 映射成圆盘 $|w| < 1$ 的分式线性变换.

不妨设所求分式线性变换把圆盘 $|z| < 1$ 内的某点 a 映射成 $w = 0$,由定理 6.1.4 知,该变换同时将 a 关于圆周 $|z| = 1$ 对称的点 $\frac{1}{\bar{a}}$ 映射成 $w = 0$ 关于圆周 $|w| = 1$ 对称的点 ∞. 于是,我们可设所求分式线性变换的形式为
$$w = \lambda \frac{z - a}{z - \frac{1}{\bar{a}}} = (-\lambda \bar{a}) \frac{z - a}{1 - z \bar{a}} = \eta \frac{z - a}{1 - z \bar{a}},$$
其中 λ, η 为复常数. 选择 η,使得该变换把圆周 $|z| = 1$ 映射成圆周 $|w| = 1$,于是
$$1 = |w| = |\eta| \left| \frac{z - a}{1 - z \bar{a}} \right| = |\eta| \frac{|z - a|}{|z \bar{z} - z \bar{a}|} = |\eta| \frac{|z - a|}{|z| \, |\bar{z} - \bar{a}|} = |\eta|.$$
所以可设
$$w = e^{i\theta} \frac{z - a}{1 - z \bar{a}}, \tag{6.10}$$
其中 θ 为实常数,a 为复常数且 $|a| < 1$.

接下来,我们证明形如式(6.10)的分式线性变换把圆盘 $|z| < 1$ 映射成圆盘 $|w| < 1$.

当 $|z| < 1$ 时,因为
$$|z - a|^2 - |1 - z \bar{a}|^2$$
$$= |z|^2 + |a|^2 - 2\mathrm{Re}\, z \bar{a} - (1 + |z|^2 |a|^2 - 2\mathrm{Re}\, z \bar{a})$$
$$= (|z|^2 - 1)(1 - |a|^2) < 0,$$
所以 $|z - a| < |1 - z \bar{a}|$,从而 $|w| < 1$.

(3) 把上半平面 $\mathrm{Im}\, z > 0$ 映射成上半平面 $\mathrm{Im}\, w > 0$ 的分式线性变换.

将上半平面 $\mathrm{Im}\, z > 0$ 映射成上半平面 $\mathrm{Im}\, w > 0$ 的分式线性变换可以表示成
$$w = \frac{az + b}{cz + d} \quad (ad - bc > 0), \tag{6.11}$$
其中 a, b, c, d 为实数.

显然,当 z 取实数时,w 也为实数,因此 w 将 z 平面上的实轴映射成 w 平

面上的实轴. 任取上半平面一点 $z=x+\mathrm{i}y(y>0)$,则
$$w=\frac{a(x+\mathrm{i}y)+b}{c(x+\mathrm{i}y)+d}=\frac{(ax+b)(cx+d)+acy^2+\mathrm{i}y(ad-bc)}{(cx+d)^2+c^2y^2}.$$
因为 $y>0, ad-bc>0, (cx+d)^2+c^2y^2>0$,所以
$$\mathrm{Im}\,w=\frac{y(ad-bc)}{(cx+d)^2+c^2y^2}>0,$$
从而分式线性变换
$$w=\frac{az+b}{cz+d}\quad(ad-bc>0),$$
将上半平面 $\mathrm{Im}\,z>0$ 映射成上半平面 $\mathrm{Im}\,w>0$.

6.2 解析函数的几何性质

1. 保角性

设 $w=f(z)$ 是区域 D 内的解析函数,并在点 $z_0\in D$ 处满足 $f'(z_0)\neq 0$. 我们考虑过点 z_0 的任意一条简单光滑曲线
$$C: z=z(t)\quad(a\leqslant t\leqslant b),$$
它在映射 $w=f(z)$ 下的像为
$$\Gamma: w=w(t)=f[z(t)]\quad(a\leqslant t\leqslant b).$$
设 $z_0=z(t_0), w_0=w(t_0)$,则在点 z_0 处,有
$$w'(t_0)=f'[z(t_0)]z'(t_0).$$
由此可得
$$\arg w'(t_0)=\arg f'[z(t_0)]+\arg z'(t_0),$$
即
$$\arg w'(t_0)-\arg z'(t_0)=\arg f'(z_0). \tag{6.12}$$
在式(6.12)中,$\theta_0=\arg z'(t_0)$ 是曲线 C 在点 z_0 处的切线与实轴正方向的夹角(见图 6-4),$\varphi_0=\arg w'(t_0)$ 是 z_0 在像曲线 Γ 上对应像点 w_0 处的切线与实轴正方向的夹角,而 $\arg f'(z_0)$ 与曲线 C 的取法无关. 因此,曲线 Γ 在像点 w_0 处的切线与实轴正方向的夹角和曲线 C 在点 z_0 处的切线与实轴正方向的夹角的差为 $\alpha=\arg f'(z_0)$,这一数值与 C 的形状选取无关,我们把 α 称为映射 $w=f(z)$ 在点 z_0 处的**旋转角**.

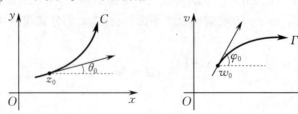

图 6-4

若我们在区域 D 内过点 z_0 另取一条简单光滑曲线
$$C_1: z = z_1(t) \quad (a_1 \leqslant t \leqslant b_1),$$
它在映射 $w=f(z)$ 下的像为
$$\Gamma_1: w = w_1(t) = f[z_1(t)] \quad (a_1 \leqslant t \leqslant b_1),$$
则类似地有
$$\arg w_1'(t_0) - \arg z_1'(t_0) = \arg f'(z_0) = \alpha. \tag{6.13}$$
比较式(6.12)和式(6.13)可得
$$\arg w_1'(t_0) - \arg w'(t_0) = \arg z_1'(t_0) - \arg z'(t_0),$$
即点 w_0 处曲线 Γ 到曲线 Γ_1 的切线夹角(逆时针方向为正)和点 z_0 处曲线 C 到曲线 C_1 的切线夹角(逆时针方向为正)相等(见图 6-5). 我们把过点 z_0 的两条曲线的切线夹角称为两条曲线在该点的夹角,从而可得如下定理.

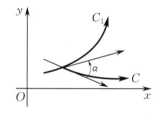
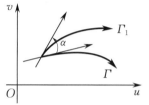

图 6-5

定理 6.2.1 设 $w=f(z)$ 是区域 D 内的解析函数,且 $f'(z) \neq 0$,则过点 z 的任意两条曲线在点 z 的夹角在映射 $w=f(z)$ 下保持大小及方向不变.

这一性质称为解析函数的**保角性**.

例 1 试证:在映射 $w=\mathrm{e}^{\mathrm{i}z}$ 下,互相正交的直线族 $\mathrm{Re}\, z = c_1$, $\mathrm{Im}\, z = c_2$,依次映射成互相正交的直线族 $L: v = u \tan c_1$ 和圆周族 $C: u^2 + v^2 = \mathrm{e}^{-2c_2}$.

证明 设 $z = x + \mathrm{i}y, w = u + \mathrm{i}v$,则直线 $\mathrm{Re}\, z = c_1$ 的参数方程为
$$z = c_1 + \mathrm{i}y \quad (y \in \mathbf{R}).$$
在映射 $w = \mathrm{e}^{\mathrm{i}z}$ 下,其像曲线的参数方程为
$$w = u + \mathrm{i}v = \mathrm{e}^{\mathrm{i}z} = \mathrm{e}^{\mathrm{i}(c_1 + \mathrm{i}y)} = \mathrm{e}^{-y} \mathrm{e}^{\mathrm{i}c_1} \quad (y \in \mathbf{R}),$$
从而有
$$u = \mathrm{e}^{-y} \cos c_1, \quad v = \mathrm{e}^{-y} \sin c_1,$$
即得 $v = u \tan c_1$.

同理可得,直线 $\mathrm{Im}\, z = c_2$ 在映射 $w = \mathrm{e}^{\mathrm{i}z}$ 下,其像曲线的参数方程为
$$w = u + \mathrm{i}v = \mathrm{e}^{\mathrm{i}z} = \mathrm{e}^{\mathrm{i}(x + \mathrm{i}c_2)} = \mathrm{e}^{-c_2} \mathrm{e}^{\mathrm{i}x} \quad (x \in \mathbf{R}).$$
于是
$$u^2 + v^2 = \mathrm{e}^{-2c_2}.$$
又因为函数 $w = \mathrm{e}^{\mathrm{i}z}$ 在复平面上解析且 $w' = \mathrm{i}\mathrm{e}^{\mathrm{i}z} \neq 0$,所以由解析函数的保角性知,直线族 $L: v = u \tan c_1$ 和圆周族 $C: u^2 + v^2 = \mathrm{e}^{-2c_2}$ 正交.

2. 伸缩率不变性

设 $w=f(z)$ 是区域 D 内的解析函数,且在点 $z_0 \in D$ 处满足 $f'(z_0) \neq 0$. 由导数的定义知

$$|f'(z_0)| = \left|\lim_{z \to z_0} \frac{f(z)-f(z_0)}{z-z_0}\right| = \lim_{z \to z_0} \frac{|f(z)-f(z_0)|}{|z-z_0|}.$$

$|z-z_0|$ 表示 z 平面上连接点 z_0,z 的线段长度,$|f(z)-f(z_0)|$ 表示 w 平面上连接点 $f(z_0),f(z)$ 的线段长度. 显然,当 $z \to z_0$ 时,比值

$$\frac{|f(z)-f(z_0)|}{|z-z_0|}$$

的极限为 $r=|f'(z_0)|$,它仅与 z_0 有关,而与过 z_0 的曲线无关. 当 $|f'(z_0)|>1$ 时,像曲线被放大,当 $|f'(z_0)|<1$ 时,像曲线被缩小,只不过该现象只在点 z_0 的小邻域内有效. 我们把 r 称为映射 $w=f(z)$ 在点 z_0 处的**伸缩率**,伸缩率与过点 z_0 的曲线无关的性质称为**伸缩率不变性**.

设函数 $f(z)$ 在区域 D 内有定义,且对 D 内任意不同的两点 z_1,z_2,都有

$$f(z_1) \neq f(z_2),$$

则称 $f(z)$ 在 D 内是**单叶**的,并且称 D 为 $f(z)$ 的**单叶性区域**.

如果函数 $w=f(z)$ 在区域 D 内是单叶的,且具有保角性和伸缩率不变性,则称 $w=f(z)$ 在 D 内是**共形**的,或称 $w=f(z)$ 为 D 内的**共形映射**.

定理 6.2.2 若函数 $f(z)$ 在区域 D 内单叶解析,则在 D 内,有 $f'(z) \neq 0$.

由上面的讨论知,单叶解析函数具有伸缩率不变性和保角性,因此是共形映射.

从几何意义上来说,共形映射 $w=f(z)$ 将 z 平面上的一个圆映射成 w 平面上的一个圆,且半径之比为 r;将 z 平面上的任一小三角形映射成 w 平面上的曲边三角形,这两个三角形对应角相等,对应边近似成比例,且比例系数为 r.

例 2 讨论幂函数 $w=z^2$ 的保角性和共形性.

解 因为 $w'=2z \neq 0 (z \neq 0)$,所以幂函数 $w=z^2$ 在 z 平面上除原点 $z=0$ 外,处处都是保角的.

因幂函数 $w=z^2$ 的单叶性区域是顶点在原点、张度(角的两条边张开的程度)不超过 π 的角形区域,故 $w=z^2$ 在此角形区域内是共形的. 根据连续函数的保号性知,虽然幂函数 $w=z^2$ 在张度超过 π 的角形区域内不是共形的,但在其中各点的邻域内都是共形的.

下面我们考虑在映射 $w=z^2$ 下,射线 $C_1: y=x (x \geqslant 0)$ 和 $C_2: x=1 (y \geqslant 0)$ 在交点 $z=1+i$ 处的共形性.

设 $z=x+iy, w=u+iv$,则 $u=x^2-y^2, v=2xy$.

当 $y=x(x\geqslant 0)$ 时,有 $u=0, v=2x^2 (0\leqslant x<+\infty)$,则 $w=z^2$ 把 z 平面上的射线 C_1 映射成 w 平面的上半虚轴 $\Gamma_1: u=0, v\geqslant 0$.

当 $x=1(y\geqslant 0)$ 时,$u=1-y^2, v=2y (0\leqslant y<+\infty)$,则 $w=z^2$ 把 z 平面上的射线 C_2 映射成 w 平面的抛物线 $\Gamma_2: v^2=-4(u-1)$ 的上半支(见图 6-6).

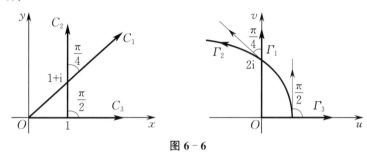

图 6-6

易验证射线 C_1 和 C_2 在点 $z=1+i$ 处的夹角为 $\dfrac{\pi}{4}$,射线 Γ_1 和抛物线 Γ_2 在点 $w=z^2=2i$ 处的夹角也为 $\dfrac{\pi}{4}$,故具有保角性.

此外,读者还可自行验证 $w=z^2$ 把 z 平面上 x 方向的正半轴 C_3 映射成 w 平面 u 方向的正半轴 Γ_3,也具有保角性.

从图 6-6 中也可以看出映射 $w=z^2$ 在原点处不具有保角性.

6.3 某些初等函数构成的共形映射

本节主要介绍一些由初等函数构成的共形映射,为日后研究更复杂的共形映射做好铺垫.当我们为了解决流体力学、弹性力学、电磁学及热学等理论中的实际问题时,经常需要通过一些初等函数的共形映射将一些不规则或不易用数学公式表达的区域映射成规则的或已熟知的区域后再进行计算,这是一种化繁为简的重要手段.

1. 幂函数

在本章 6.2 节的例 2 中,我们介绍了幂函数 $w=z^2$ 的保角性和共形性.接下来,我们讨论更一般的情形:幂函数 $w=z^n (n=2,3,\cdots)$ 在扩充复平面上的保角性和共形性.

因为 $w'=nz^{n-1}$,所以除了点 $z=0$ 及 $z=\infty$ 外,导数处处不为零,因而在这些点都是保角的.

又因为函数 $w=z^n(n=2,3,\cdots)$ 的单叶性区域是顶点在原点、张度不超过 $\dfrac{2\pi}{n}$ 的角形区域,所以该函数在此角形区域内是共形的.例如,在角形区域 $D: 0<\arg z<\alpha \left(0<\alpha\leqslant\dfrac{2\pi}{n}\right)$ 内,映射 $w=z^n$ 是共形的,它将角形区域 D

共形映射成角形区域 $\Gamma:0<\arg w<n\alpha$(见图 6-7). 特别地, 当 $\alpha=\dfrac{2\pi}{n}$ 时, 映射 $w=z^n$ 将 z 平面上的角形区域 D 共形映射成 w 平面上除去原点及正实轴的区域.

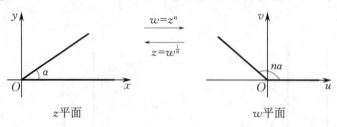

图 6-7

作为 $w=z^n$ 的逆映射 $z=w^{\frac{1}{n}}(n=2,3,\cdots)$, 它将 w 平面上的角形区域 $\Gamma:0<\arg w<n\alpha\left(0<\alpha\leqslant\dfrac{2\pi}{n}\right)$ 共形映射成 z 平面上的角形区域 $D:0<\arg z<\alpha$(见图 6-7).

综上所述, 如果我们要将角形区域的张度拉大或缩小, 就可以利用幂函数所构成的共形映射.

例如, 映射 $w=z^2$ 把 z 平面上的上半圆域 $D:|z|<R,\operatorname{Im} z>0$ 映射成 w 平面上除去正实轴上区间 $[0,R^2)$ 的圆域 $|w|<R^2$.

例 1 求一映射, 它将 z 平面上的区域 $D:-\dfrac{\pi}{4}<\arg z<\dfrac{\pi}{2}$ 共形映射成上半 w 平面, 并且把点 $z_1=1-\mathrm{i},z_2=\mathrm{i},z_3=0$ 分别映射成 $w_1=2,w_2=-1,w_3=0$.

解 首先我们将角形区域 $D:-\dfrac{\pi}{4}<\arg z<\dfrac{\pi}{2}$ 逆时针旋转 $\dfrac{\pi}{4}$, 然后再将其拉伸成上半平面, 最后作上半平面到上半平面的分式线性变换即得所求映射(见图 6-8).

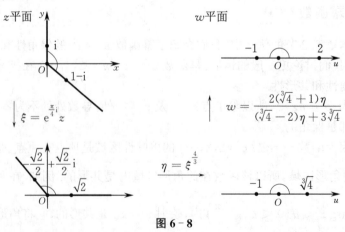

图 6-8

所谓逆时针旋转 $\dfrac{\pi}{4}$，即作映射 $\xi = e^{\frac{\pi}{4}i} z$，此时点 $z_1 = 1-i, z_2 = i, z_3 = 0$ 分别映射成点

$$\xi_1 = \sqrt{2}, \quad \xi_2 = -\dfrac{\sqrt{2}}{2} + \dfrac{\sqrt{2}}{2}i, \quad \xi_3 = 0.$$

再作映射 $\eta = \xi^{\frac{4}{3}}$ 将其拉伸成上半平面，此时将点 ξ_1, ξ_2, ξ_3 分别映射成点

$$\eta_1 = \sqrt[3]{4}, \quad \eta_2 = -1, \quad \eta_3 = 0.$$

最后就是求一将点 η_1, η_2, η_3 分别映射成点 $w_1 = 2, w_2 = -1, w_3 = 0$ 的分式线性变换. 将上述点代入式(6.5)

$$\dfrac{(w-w_1)(w_2-w_3)}{(w-w_3)(w_2-w_1)} = \dfrac{(\eta-\eta_1)(\eta_2-\eta_3)}{(\eta-\eta_3)(\eta_2-\eta_1)}$$

中并化简，可得

$$w = \dfrac{2(\sqrt[3]{4}+1)\eta}{(\sqrt[3]{4}-2)\eta + 3\sqrt[3]{4}}.$$

复合上述三个映射，可得所求映射为

$$w = \dfrac{2(\sqrt[3]{4}+1)\left(e^{\frac{\pi}{4}i}z\right)^{\frac{4}{3}}}{(\sqrt[3]{4}-2)\left(e^{\frac{\pi}{4}i}z\right)^{\frac{4}{3}} + 3\sqrt[3]{4}}.$$

2. 指数函数和对数函数

由于指数函数 $w = e^z$ 在任意有限点处均有 $w' = e^z \neq 0$，因此它在复平面上都是保角的. 又由指数函数的周期性知，其单叶性区域是平行于实轴且宽度不超过 2π 的带形区域. 例如，指数函数 $w = e^z$ 在带形区域

$$D: 0 < \operatorname{Im} z < h \quad (0 < h \leqslant 2\pi)$$

内是单叶的，因此也是共形的，且将 z 平面上的带形区域 D 映射成 w 平面上的角形区域 $\Gamma: 0 < \arg w < h$ (见图 6-9).

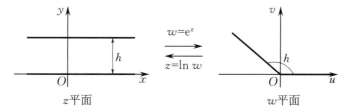

图 6-9

特别地，当 $h = 2\pi$ 时，指数函数 $w = e^z$ 将 z 平面上的带形区域 D 共形映射成 w 平面上除去原点及正实轴的区域.

例如，指数函数 $\xi = e^z$ 将带形区域 $D: 0 < \operatorname{Im} z < \pi$ 映射成上半平面. 由本章 6.1 节中的式(6.9)知，分式线性变换

$$w = \frac{\xi - i}{\xi + i}$$

将上半平面映射成单位圆盘 $\Gamma:|w|<1$. 因此,由它们复合而成的映射

$$w = \frac{e^z - i}{e^z + i}$$

将带形区域 $D:0<\operatorname{Im} z<\pi$ 映射成单位圆盘 $\Gamma:|w|<1$.

作为 $w=e^z$ 的逆映射 $z=\ln w$,它将 w 平面上的角形区域 $\Gamma:0<\arg w<h(0<h\leqslant 2\pi)$ 共形映射成 z 平面上的带形区域 $D:0<\operatorname{Im} z<h$ (见图 6-9).

例如,对数函数 $w=\ln\xi$ 将上半平面映射成带形区域 $D:0<\operatorname{Im} w<\pi$. 由本章 6.1 节式 (6.11) 知,分式线性变换

$$\xi = \frac{z-1}{z+1}$$

将上半平面映射成上半平面. 因此,由它们复合而成的映射

$$w = \ln \frac{z-1}{z+1}$$

将上半平面映射成带形区域 $D:0<\operatorname{Im} w<\pi$.

例 2 求一映射,它将 z 平面上具有割痕 $C=\{z\mid \operatorname{Im} z=0, -\infty<\operatorname{Re} z\leqslant 0\}$ 的带形区域 $D:-\pi<\operatorname{Im} z<\pi$ 共形映射成 w 平面上的带形区域 $\Gamma:-\pi<\operatorname{Im} w<\pi$.

解 首先通过指数函数 $\xi=e^z$ 把具有割痕 C 的带形区域 D 映射成 ξ 平面上除去实轴上区间 $(-\infty,1]$ 的区域 D_1,然后通过平移变换 $\eta=\xi-1$ 将 D_1 映射成 η 平面上除去负实轴 $(-\infty,0]$ 的区域 D_2,同时 D_2 也是 η 平面上的角形区域 $D_2:-\pi<\arg\eta<\pi$. 最后通过对数函数 $w=\ln\eta$ 将角形区域 D_2 映射成带形区域 Γ (见图 6-10).

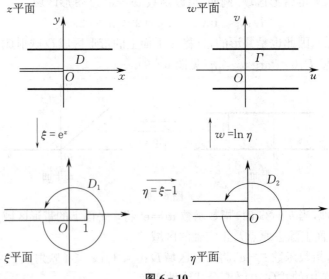

图 6-10

复合上述映射,即得所求映射为
$$w = \ln(e^z - 1).$$

3. 正弦函数

对于正弦函数 $w = \sin z$,有 $w' = \cos z$,因此它在复平面上除点 $z_k = k\pi + \frac{\pi}{2} (k \in \mathbf{Z})$ 外都是保角的. 又由于正弦函数的单叶性区域是垂直于实轴且宽度不超过 π 的条形区域
$$D_k : -\frac{\pi}{2} + k\pi < \operatorname{Re} z < \frac{\pi}{2} + k\pi \quad (k \in \mathbf{Z}),$$
因此正弦函数在 D_k 上是共形的.

为了更好地考察映射 $w = \sin z$ 的性质,我们首先考虑在该映射下,直线 $l : \operatorname{Re} z = c_1 \left(0 < c_1 < \frac{\pi}{2}\right)$ 的像.

设 $z = x + \mathrm{i}y, w = u + \mathrm{i}v$. 因为
$$w = \sin z = \frac{e^{\mathrm{i}z} - e^{-\mathrm{i}z}}{2\mathrm{i}} = \sin x \cosh y + \mathrm{i}\cos x \sinh y,$$
其中
$$\cosh y = \frac{e^y + e^{-y}}{2}, \quad \sinh y = \frac{e^y - e^{-y}}{2},$$
所以
$$u = \sin x \cosh y, \quad v = \cos x \sinh y.$$
当 $x = c_1 \left(0 < c_1 < \frac{\pi}{2}\right)$ 时,有
$$u = \sin c_1 \cosh y, \quad v = \cos c_1 \sinh y.$$
又因为 $\cosh^2 y - \sinh^2 y = 1$,所以
$$\frac{u^2}{\sin^2 c_1} - \frac{v^2}{\cos^2 c_1} = 1.$$

这是一条以 $(\pm 1, 0)$ 为焦点的双曲线. 由于 $0 < c_1 < \frac{\pi}{2}$,则 $\sin c_1 > 0$, $\cosh y > 0$,因此 $u > 0$. 也就是说,正弦函数 $w = \sin z$ 将 z 平面上的直线 $l : \operatorname{Re} z = c_1 \left(0 < c_1 < \frac{\pi}{2}\right)$ 映射成 w 平面上双曲线的右支 Γ. 同理可得,它将 z 平面上的直线 $l' : \operatorname{Re} z = -c_1$ 映射成 w 平面上同一双曲线的左支 Γ'(见图 6-11).

其次,我们考虑在映射 $w = \sin z$ 下,线段 $AB : \operatorname{Im} z = c_2 > 0$ $\left(-\frac{\pi}{2} \leqslant \operatorname{Re} z \leqslant \frac{\pi}{2}\right)$ 的像.

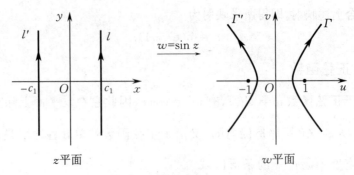

图 6-11

当 $y = c_2 (c_2 > 0)$ 时,有
$$u = \sin x \cosh c_2, \quad v = \cos x \sinh c_2.$$
又因为 $\sin^2 x + \cos^2 x = 1$,所以
$$\frac{u^2}{\cosh^2 c_2} + \frac{v^2}{\sinh^2 c_2} = 1.$$

这是一个以 $(\pm 1, 0)$ 为焦点的椭圆. 由于 $y = c_2 > 0, -\frac{\pi}{2} \leqslant x \leqslant \frac{\pi}{2}$,则 $\cos x \geqslant 0, \sinh c_2 > 0$,因此 $v \geqslant 0$. 也就是说,正弦函数 $w = \sin z$ 将 z 平面上的线段 $AB:\operatorname{Im} z = c_2 > 0 \left(-\frac{\pi}{2} \leqslant \operatorname{Re} z \leqslant \frac{\pi}{2} \right)$ 映射成 w 平面上的上半椭圆. 同理可得,它将 z 平面上的线段
$$CD: y = c_2 > 0 \quad (-\pi \leqslant x \leqslant \pi)$$
映射成 w 平面上的整个椭圆 Γ(见图 6-12).

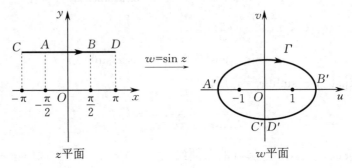

图 6-12

4. 实例

为了解决某些实际问题,我们经常先通过共形映射把解析函数的定义区域映射成较简单的区域,然后进行计算或研究. 下面我们通过几个实例,把一些定义区域共形映射成半平面、平面或者其他简单区域.

例 3 求一个把上半圆盘 $|z| < 1, \operatorname{Im} z > 0$ 映射成上半平面的共形映射.

解 首先作分式线性变换
$$\xi = k\frac{z+1}{z-1}$$
将上半圆映射成第一象限,这里只须将区间$[-1,1]$映射成正实轴即可,因此只要取$k=-1$就行了.然后用幂函数$w=\xi^2$将第一象限即角形区域$0 \leqslant \arg\xi \leqslant \frac{\pi}{2}$映射成上半平面即角形区域$0 \leqslant \arg w \leqslant \pi$.

综上可得,所求共形映射为
$$w = \left(-\frac{z+1}{z-1}\right)^2 = \left(\frac{z+1}{z-1}\right)^2.$$

例 4 求一个把扩充z平面上单位圆周的外部$D:|z|>1$映射成扩充w平面上除去割线
$$L: -1 \leqslant \mathrm{Re}\, w \leqslant 1, \quad \mathrm{Im}\, w = 0$$
外的区域的共形映射.

解 首先作分式线性变换
$$\xi = \frac{z+1}{z-1}$$
将单位圆周$|z|=1$映射成扩充ξ平面上的虚轴,又当$z=3$时$\xi=2$,所以该分式线性变换把单位圆周的外部D映射成ξ平面的右半平面,即角形区域$D': -\frac{\pi}{2} < \arg\xi < \frac{\pi}{2}$. 然后作映射$\zeta = \xi^2$,将角形区域$D'$映射成角形区域$F: -\pi < \arg\zeta < \pi$,即除去负实轴的区域.

因为分式线性变换
$$\zeta = \frac{w+1}{w-1}$$
将区间$[-1,1]$映射成负实轴,所以其逆映射
$$w = \frac{\zeta+1}{\zeta-1}$$
将负实轴映射成区间$[-1,1]$,同时将除去负实轴的区域映射成除去区间$[-1,1]$的区域D_0(见图 6-13).

复合上述映射,可得所求共形映射为
$$w = \frac{\left(\frac{z+1}{z-1}\right)^2 + 1}{\left(\frac{z+1}{z-1}\right)^2 - 1} = \frac{1}{2}\left(z + \frac{1}{z}\right). \tag{6.14}$$

若对映射(6.14)进一步做变换$\eta = \frac{1}{z}$,而该变换将扩充复平面上单位圆周的外部$|z|>1$共形映射成单位圆周的内部$|z|<1$,将其代入式(6.14)后得
$$w = \frac{1}{2}\left(\frac{1}{\eta} + \eta\right).$$

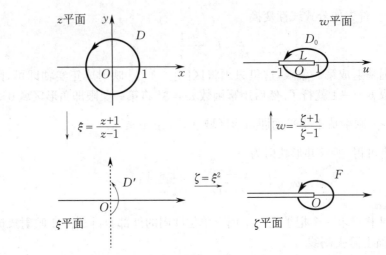

图 6-13

由此可见,映射(6.14)也将单位圆周的内部 $|z|<1$ 映射成扩充 w 平面上除割线

$$L: -1 \leqslant \operatorname{Re} w \leqslant 1, \quad \operatorname{Im} w = 0$$

外的区域 D_0. 因此,映射(6.14)在区域 D_0 内的逆映射有两个单值解析分支

$$z = w + \sqrt{w^2 - 1},$$

分别将区域 D_0 共形映射成单位圆周 $|z|=1$ 的内部和外部. 映射(6.14)又被称为**茹科夫斯基函数**或**机翼剖面函数**.

例 5 求一个把区域 $D = \{z \mid |z|<2, |z-1|>1\}$ 映射成上半平面的共形映射.

解 首先作分式线性变换

$$\xi = \frac{z}{z-2}$$

将圆周 $|z-1|=1$ 映射成虚轴,将圆周 $|z|=2$ 映射成直线 $\operatorname{Re}\xi = \frac{1}{2}$,又当 $z=-1$ 时,$\xi = \frac{1}{3}$,所以该分式线性变换将区域 D 映射成条形区域 $D': 0 < \operatorname{Re}\xi < \frac{1}{2}$.

然后作伸缩旋转变换

$$\zeta = 2\pi e^{\frac{\pi}{2}i}\xi$$

将条形区域 D' 映射成带形区域 $F: 0 < \operatorname{Im}\zeta < \pi$.

最后作映射 $w = e^{\zeta}$ 将带形区域 F 映射成上半平面即角形区域 $0 < \arg w < \pi$(见图 6-14).

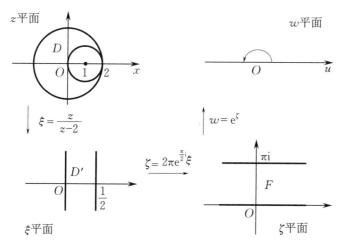

图 6-14

复合上述映射,可得所求共形映射为
$$w = e^{2\pi i \frac{z}{z-2}}.$$

习题六

1. 填空题:

(1) 将点 $z=1, i, -1$ 分别映射成点 $w=\infty, -1, 0$ 的分式线性变换为 $w(z) = $ _____；

(2) 把单位圆周 $|z|<1$ 映射成圆周 $|z-2|<1$,且满足 $w(0)=2, w'(0)>0$ 的分式线性变换为 $w(z) = $ _____；

(3) 指数函数 $w=e^z$ 将带形区域 $0<\operatorname{Im} z<\dfrac{\pi}{4}$ 映射为_____；

(4) 映射 $w=\ln z^2$ 将角形区域 $0<\arg z<\dfrac{\pi}{4}$ 映射为_____；

(5) 映射 $w=\dfrac{1}{2}\left(z+\dfrac{1}{z}\right)$ 将上半圆盘: $|z|<1, \operatorname{Im} z>0$ 映射为_____.

2. 单项选择题:

(1) 若映射 $w=z^2-2z$ 将 z 平面上的区域 G 缩小,那么 G 可以是( );

A. $|z|<1$ B. $|z-1|<\dfrac{1}{2}$ C. $|z|>1$ D. $|z-1|>\dfrac{1}{2}$

(2) 映射 $w=\dfrac{z-i}{z+i}$ 在点 $z=1-i$ 处的旋转角为( );

A. $\dfrac{\pi}{4}$ B. π C. $\dfrac{\pi}{2}$ D. $-\dfrac{\pi}{2}$

(3) 映射 e^{iz^3} 在点 $z=-i$ 处的伸缩率为(　　);

A. $3e^{-1}$ B. $3e$ C. 3   D. e^{-1}

(4) 点 $2+i$ 关于圆周 $(x-3)^2+(y-1)^2=4$ 的对称点是(　　);

A. $7+i$ B. $-1+i$ C. -1 D. i

(5) 函数 $w=\dfrac{z^3-i}{z^3+i}$ 将角形区域 $0<\arg z<\dfrac{\pi}{3}$ 映射为(　　);

A. $|w|<1$ B. $|w|>1$ C. $\operatorname{Im} w>0$ D. $\operatorname{Im} w<0$

(6) 把单位圆盘 $|z|<1$ 映射成单位圆盘 $|w|<1$,且满足 $w\left(\dfrac{i}{2}\right)=0, w'(0)>0$ 的分式线性变换为(　　).

A. $\dfrac{2z-i}{2-iz}$ B. $-\dfrac{2z-i}{2-iz}$ C. $\dfrac{2z-i}{2+iz}$ D. $-\dfrac{2z-i}{2+iz}$

3. 设函数 $w=e^{i\theta}\dfrac{z-a}{1-\bar{a}z}$,试证:$\theta=\arg w'(a)$.

4. 求把单位圆周映射成单位圆周的分式线性变换,且分别满足下列条件:

(1) $f\left(\dfrac{1}{2}\right)=0, f(-1)=1$;

(2) $f\left(\dfrac{1}{2}\right)=0, \arg f'\left(\dfrac{1}{2}\right)=0$.

5. 求把上半平面映射成单位圆周的分式线性变换,且分别满足下列条件:

(1) $f(i)=0, f(-1)=1$;

(2) $f(i)=0, \arg f'(i)=0$.

6. 求把点 $z=1, i, -i$ 分别映射成点 $w=1, 0, -1$ 的分式线性变换,同时说明该映射把单位圆周映射成什么.

7. 分别求一个把下列区域映射成上半平面的共形映射:

(1) $\operatorname{Im} z>1, |z|<2$;

(2) 以连接点 $z=0$ 和 $z=ai(a>0)$ 的线段为割线的上半平面;

(3) $\operatorname{Re} z>0, 0<\operatorname{Im} z<a$.

部分习题参考答案与提示

习　题　一

1. （1）$\pi-\arctan 8$；　（2）$-1+2\mathrm{i}$；　（3）$\mathrm{e}^{16\theta\mathrm{i}}$；　（4）$3\sqrt{3}$.

2. （1）D；　（2）C；　（3）D；　（4）C；　（5）B；　（6）B.

3. 三角表达式为 $2\cos\dfrac{\pi-2\varphi}{4}\left(\cos\dfrac{\pi-2\varphi}{4}+\mathrm{i}\sin\dfrac{\pi-2\varphi}{4}\right)$，

   指数表达式为 $2\cos\dfrac{\pi-2\varphi}{4}\,\mathrm{e}^{\mathrm{i}\frac{\pi-2\varphi}{4}}$.

4. 提示：将两个三角函数分别作为复数的实部和虚部，再写成指数表达式并求和.

$$\sum_{k=0}^{n}\cos(\theta+k\varphi)=\dfrac{\sin\dfrac{n+1}{2}\varphi}{\sin\dfrac{\varphi}{2}}\cos\left(\theta+\dfrac{n}{2}\varphi\right),$$

$$\sum_{k=0}^{n}\sin(\theta+k\varphi)=\dfrac{\sin\dfrac{n+1}{2}\varphi}{\sin\dfrac{\varphi}{2}}\sin\left(\theta+\dfrac{n}{2}\varphi\right).$$

5. 证明略. 提示：将模平方后再比较大小，并利用公式
$$|z|^2=z\bar{z},\quad |z_1\pm z_2|^2=|z_1|^2+|z_2|^2\pm 2\mathrm{Re}(\bar{z}_1 z_2),$$
以及模的三角不等式.

6. 模不变，辐角减小 $\dfrac{\pi}{2}$.

7. （1）$16\sqrt{3}+16\mathrm{i}$；　（2）$-8\mathrm{i}$；　（3）$\cos\dfrac{\pi+2k\pi}{6}+\mathrm{i}\sin\dfrac{\pi+2k\pi}{6}\ (k=0,1,2,3,4,5)$.

8. 证明略. 提示：分别考虑三角形三边长的平方.

9. 证明略. 提示：利用公式 $|z|^2=z\bar{z}$.

10. ～ 11. 略.

习 题 二

1. (1) $1+i$； (2) 常数； (3) $\dfrac{27}{4}-\dfrac{27}{4}i$； (4) $-i$； (5) $e^{-\frac{\pi}{2}-2k\pi}(k\in \mathbf{Z})$；

   (6) $-\arctan\dfrac{4}{3}$.

2. (1) B； (2) D； (3) C； (4) A； (5) C； (6) B； (7) A； (8) B； (9) D.

3. ~ 4. 证明略.

5. $z=\pm\dfrac{2\pi}{3}i+2k\pi i(k\in \mathbf{Z})$.

6. (1) 在复平面上处处解析,$f'(z)=5(z-1)^4$；

   (2) 在复平面上处处解析,$f'(z)=3z^2+2i$；

   (3) 在 $z\neq \pm 1$ 处解析,$f'(z)=\dfrac{-2z}{(z^2-1)^2}$；

   (4) 在 $z\neq 0$ 处解析,且 $f'(z)=\dfrac{(y^2-x^2)(1+i)-2xy(1-i)}{(x^2+y^2)^2}(z\neq 0)$.

7. ~ 8. 证明略.

9. (1) $z=k\pi(k\in \mathbf{Z})$； (2) $z=\dfrac{\pi}{2}+k\pi(k\in \mathbf{Z})$；

   (3) $z=(2k+1)\pi i(k\in \mathbf{Z})$； (4) $z=-\dfrac{\pi}{4}+k\pi(k\in \mathbf{Z})$.

10. $\operatorname{Ln}(-3+4i)=\ln 5+i\left(\pi-\arctan\dfrac{4}{3}+2k\pi\right)(k\in \mathbf{Z})$,

    $e^{\frac{1}{4}(1+i\pi)}=\dfrac{\sqrt{2}}{2}e^{\frac{1}{4}}(1+i)$,

    $(1+i)^i=e^{-\left(\frac{\pi}{4}+2k\pi\right)}(\cos\ln\sqrt{2}+i\sin\ln\sqrt{2})(k\in \mathbf{Z})$.

11. $z=-2k\pi+i\ln 4(k\in \mathbf{Z})$.

12. 证明略.

13. (1) $f(z)=(1-i)z^3+iC$,其中 C 为任意实数； (2) $f(z)=\dfrac{1}{2}-\dfrac{1}{z}$.

14. 函数的支点是 $\pm 1,\pm\dfrac{1}{k}$,证明略,所求的解析分支是

    $|(1-z^2)(1-k^2z^2)|^{\frac{1}{2}}e^{\frac{i}{2}[\arg(1-z^2)+\arg(1-k^2z^2)]}$.

习 题 三

1. (1) 2； (2) $10\pi i$； (3) 0； (4) $6\pi i$； (5) 解析.
2. (1) D； (2) D； (3) B； (4) C； (5) D.

3. 被积函数解析,所以积分与路径无关,值都为 $6+\dfrac{26}{3}\mathrm{i}$.

4. 被积函数解析,所以积分与路径无关,值都为 $-\dfrac{1}{6}+\dfrac{5}{6}\mathrm{i}$.

5. (1) $4\pi\mathrm{i}$; (2) $8\pi\mathrm{i}$.

6. 提示:由复积分的基本性质易证(1),利用定理 3.2.4 可证(2),利用(2)中结论易得(3)中积分值为 0.

7. (1),(2),(3),(5) 由柯西积分定理知积分值为 0,(4) 由柯西积分公式知积分值为 $2\pi\mathrm{i}$.

8. (1) $\dfrac{4\pi}{17}(1+4\mathrm{i})$; (2) $\dfrac{\pi\mathrm{i}}{a}$; (3) $\dfrac{\pi}{\mathrm{e}}$; (4) 0; (5) $\dfrac{\pi\mathrm{i}}{12}$;

   (6) 当 $|a|>1$ 时,积分值为 0,当 $|a|<1$ 时,积分值为 $\pi\mathrm{e}^a\mathrm{i}$.

9. $2\pi\mathrm{i}$,证明略. 提示:用柯西积分公式.

10. $8\pi\mathrm{i}, 2\pi$.

习 题 四

1. (1) 3; (2) 4; (3) 3; (4) 0; (5) $\displaystyle\sum_{n=0}^{+\infty}\dfrac{(-1)^n\mathrm{i}^n}{(z-\mathrm{i})^{n+2}}$.

2. (1) C; (2) D; (3) D; (4) D; (5) B; (6) C.

3. (1) 条件收敛; (2) 条件收敛; (3) 绝对收敛; (4) 发散.

4. 不能.

5. (1) 1; (2) 0; (3) $\dfrac{1}{\sqrt{2}}$; (4) 1; (5) $+\infty$.

6. 证明略. 提示:$|(\operatorname{Re} C_n)z^n|\leqslant |C_n||z|^n$.

7. (1) $\displaystyle\sum_{n=0}^{+\infty}(-1)^n z^{3n}\ (|z|<1)$,收敛半径为 1;

   (2) $\displaystyle\sum_{n=1}^{+\infty}(-1)^{n-1} n z^{2(n-1)}\ (|z|<1)$,收敛半径为 1;

   (3) $\displaystyle\sum_{n=0}^{+\infty}\dfrac{(-1)^n}{(2n)!}z^{4n}\ (|z|<+\infty)$,收敛半径为 $+\infty$;

   (4) $\displaystyle\sum_{n=0}^{+\infty}\dfrac{(\sqrt{2})^n \sin\dfrac{n\pi}{4}}{n!}z^{2n}\ (|z|<+\infty)$,收敛半径为 $+\infty$,提示:先把三角函数化为指数函数形式后再展开.

8. (1) $\displaystyle\sum_{n=0}^{+\infty}\dfrac{(-1)^n}{2^{n+1}}(z-1)^{n+1}\ (|z-1|<2)$,收敛半径为 2;

   (2) $\displaystyle\sum_{n=0}^{+\infty}(-1)^n\left(\dfrac{2}{4^{n+1}}-\dfrac{1}{3^{n+1}}\right)(z-2)^n\ (|z-2|<3)$,收敛半径为 3;

   (3) $\displaystyle\sum_{n=0}^{+\infty} n(z+1)^{n-1}\ (|z+1|<1)$,收敛半径为 1;

(4) $\sum_{n=0}^{+\infty} \frac{(-1)^n}{2n+1} z^{2n+1}$ ($|z|<1$),收敛半径为 1.

9. 0. 提示：利用函数的泰勒展开式及系数公式.

10. $\sum_{n=1}^{+\infty} n^2 z^n = \frac{z(1+z)}{(1-z)^3}$, $\sum_{n=1}^{+\infty} \frac{n^2}{2^n} = 6$. 提示：首先利用逐项求导公式求出和函数，然后令 $z = \frac{1}{2}$.

11. 证明略. 提示：从等式右端入手，把 $g\left(\frac{z}{\xi}\right)$ 用展开式代入后逐项积分，然后将 $f(z)$ 的泰勒系数与积分的关系式代入即可.

12. (1) $-\frac{1}{10} \sum_{n=0}^{+\infty} \frac{z^n}{2^n} - \frac{1}{5} \sum_{n=0}^{+\infty} \frac{(-1)^n}{z^{2n+1}} - \frac{2}{5} \sum_{n=0}^{+\infty} \frac{(-1)^n}{z^{2n+2}}$ ($1<|z|<2$);

(2) $\sum_{n=-1}^{+\infty} (n+2) z^n$ ($0<|z|<1$), $\sum_{n=0}^{+\infty} (-1)^n (z-1)^n$ ($0<|z-1|<1$);

(3) $1 - \frac{1}{z} - \frac{1}{2!z^2} - \frac{1}{3!z^2} - \cdots$ ($1<|z|<+\infty$);

(4) $-\sum_{n=0}^{+\infty} \frac{(-1)^n}{(2n+1)!(z-1)^{2n+1}}$ ($0<|z-1|<+\infty$).

13. (1) 存在，$f(z) = \frac{z}{z+1}$； (2) 不存在； (3) 存在，$f(z) = \frac{1}{z+1}$.

习 题 五

1. (1) 1； (2) 1； (3) 0； (4) -3； (5) 9； (6) $-m$.

2. (1) D； (2) A； (3) A； (4) D； (5) B； (6) C.

3. (1) $z=0$ 是单极点，$z=\pm i$ 是二阶极点；

(2) $z=0$ 是二阶极点；

(3) $(-\infty, 1]$ 上的点都是非孤立奇点，$z=0$ 是可去奇点；

(4) $z=1$ 是本质奇点；

(5) $z=0$ 是二阶极点，$z=\pm\sqrt{k\pi}$, $z=\pm i\sqrt{k\pi}$ ($k=1,2,\cdots$) 是单极点.

4. (1) 有单极点 $z_1=0, z_2=2$, $\text{Res}[f(z),0]=-\frac{1}{2}$, $\text{Res}[f(z),2]=\frac{3}{2}$；

(2) $z=0$ 是三阶极点，$\text{Res}[f(z),0]=-\frac{4}{3}$；

(3) $z=\pm i$ 是三阶极点，$\text{Res}[f(z),i]=-\frac{3}{8}i$, $\text{Res}[f(z),-i]=\frac{3}{8}i$；

(4) $z_k = \frac{\pi}{2} + k\pi$ ($k \in \mathbf{Z}$) 是单极点，$\text{Res}[f(z),z_k]=(-1)^{k+1}\left(\frac{\pi}{2}+k\pi\right)$ ($k \in \mathbf{Z}$)；

(5) $z=1$ 是本质奇点，$\text{Res}[f(z),1]=0$；

(6) $z=0$ 是本质奇点,$\mathrm{Res}[f(z),0]=-\dfrac{1}{6}$.

5. (1) 0； (2) $4\pi\mathrm{i}e^2$；

(3) $\begin{cases}(-1)^{n+1}\dfrac{2\pi\mathrm{i}}{(2n)!}, & m=2n+1,n=1,2,\cdots,\\ 0, & m=1 \text{ 或 } m=2n,n=0,1,2,\cdots;\end{cases}$ (4) -12.

6. (1) 可去奇点,$\mathrm{Res}[f(z),\infty]=0$；
   (2) 本质奇点,$\mathrm{Res}[f(z),\infty]=0$；
   (3) 可去奇点,$\mathrm{Res}[f(z),\infty]=-2$.

7. $2\pi\mathrm{i}$.

8. (1) $\dfrac{\pi}{2}$； (2) $\dfrac{2\pi}{b^2}(a-\sqrt{a^2-b^2})$； (3) $\dfrac{\pi}{\sqrt{2}}$； (4) $\dfrac{\pi}{e}\cos 2$； (5) $\dfrac{\pi}{e}$； (6) $\dfrac{\pi}{e}\cos 1$.

9. 证明略. 提示:仿照 $\int_0^{2\pi} R(\cos\theta,\sin\theta)\mathrm{d}\theta$ 型积分的求法,沿扇形 $\Big\{z\,\Big|\,0<|z|<R,0<\arg z<\dfrac{2\pi}{n},R>1\Big\}$ 边界积分.

10. ~ 11. 略.

习 题 六

1. (1) $e^{\frac{\pi}{2}\mathrm{i}}\dfrac{z+1}{1-z}$； (2) $z+2$； (3) $0<\arg w<\dfrac{\pi}{4}$； (4) $0<\mathrm{Im}\,w<\dfrac{\pi}{2}$；
   (5) $\mathrm{Im}\,w<0$.

2. (1) B； (2) C； (3) A； (4) B； (5) A； (6) C.

3. 证明略.

4. (1) $\dfrac{2z-1}{z-2}$； (2) $\dfrac{2z-1}{2-z}$.

5. (1) $\mathrm{i}\dfrac{\mathrm{i}-z}{\mathrm{i}+z}$； (2) $\mathrm{i}\dfrac{z-\mathrm{i}}{z+\mathrm{i}}$.

6. $\dfrac{(1+\mathrm{i})(z-\mathrm{i})}{(1+z)+3\mathrm{i}(1-z)}$,该映射把单位圆周映射成下半平面.

7. (1) $-\left(\dfrac{z+\sqrt{3}-\mathrm{i}}{z-\sqrt{3}-\mathrm{i}}\right)^3$； (2) $\sqrt{z^2+a^2}$； (3) $-\left(\dfrac{e^{\frac{\pi}{a}z}+1}{e^{\frac{\pi}{a}z}-1}\right)^2$.

参 考 文 献

[1] 余家荣. 复变函数[M]. 5版. 北京:高等教育出版社,2014.
[2] 王忠仁,张静. 工程数学:复变函数与积分变换[M]. 北京:高等教育出版社,2006.
[3] BROWN J W, CHURCHILL R V. 复变函数及应用:英文版:第8版[M]. 北京:机械工业出版社,2008.
[4] 钟玉泉. 复变函数论[M]. 5版. 北京:高等教育出版社,2021.
[5] 李建林. 复变函数·积分变换:导教·导学·导考[M]. 3版. 西安:西北工业大学出版社,2006.

图书在版编目(CIP)数据

复变函数/尤英，於耀勇主编. --北京：北京大学出版社，2024.8. -- ISBN 978-7-301-35480-3

Ⅰ.O174.5

中国国家版本馆 CIP 数据核字第 2024XE8185 号

书　　名	复变函数
	FUBIAN HANSHU
著作责任者	尤　英　於耀勇　主编
责任编辑	顾卫宇
标准书号	ISBN 978-7-301-35480-3
出版发行	北京大学出版社
地　　址	北京市海淀区成府路 205 号　100871
网　　址	http://www.pup.cn
电子邮箱	zpup@pup.cn
新浪微博	@北京大学出版社
电　　话	邮购部 010-62752015　发行部 010-62750672　编辑部 010-62754271
印　刷　者	湖南省众鑫印务有限公司
经　销　者	新华书店
	787 毫米×1092 毫米　16 开本　9.25 印张　223 千字
	2024 年 8 月第 1 版　2024 年 8 月第 1 次印刷
定　　价	35.00 元

未经许可，不得以任何方式复制或抄袭本书之部分或全部内容。
版权所有，侵权必究
举报电话：010-62752024　电子邮箱：fd@pup.cn
图书如有印装质量问题，请与出版部联系，电话：010-62756370